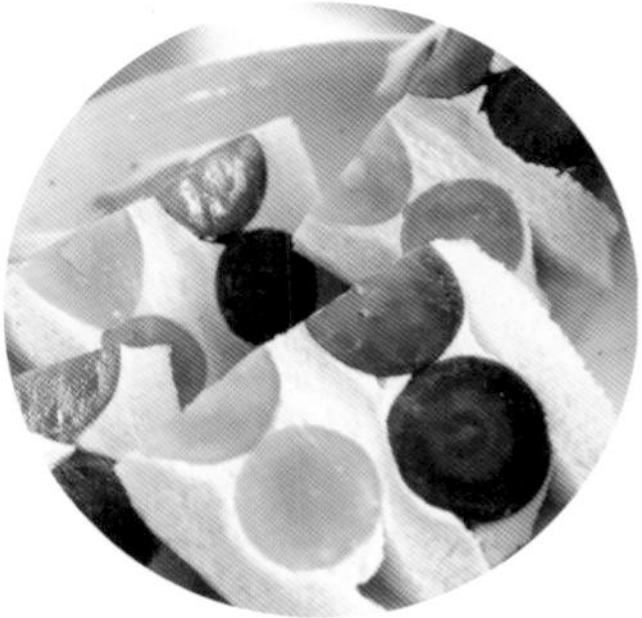

京都 パンで巡るおいしい古民家

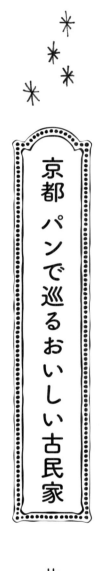

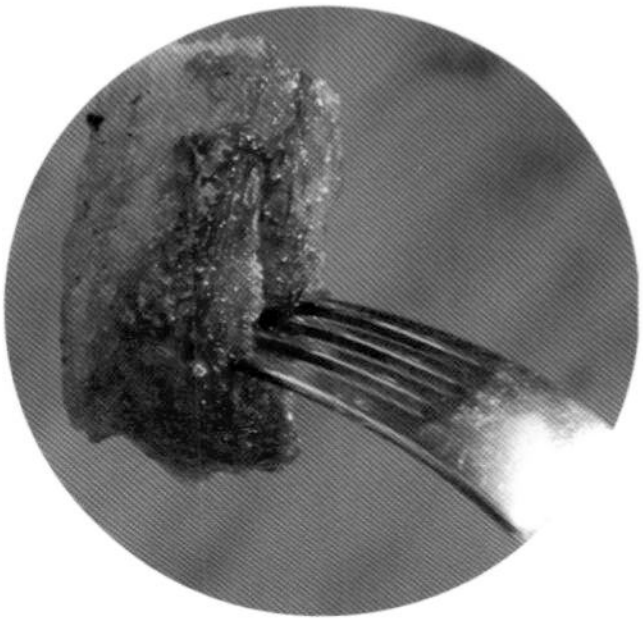
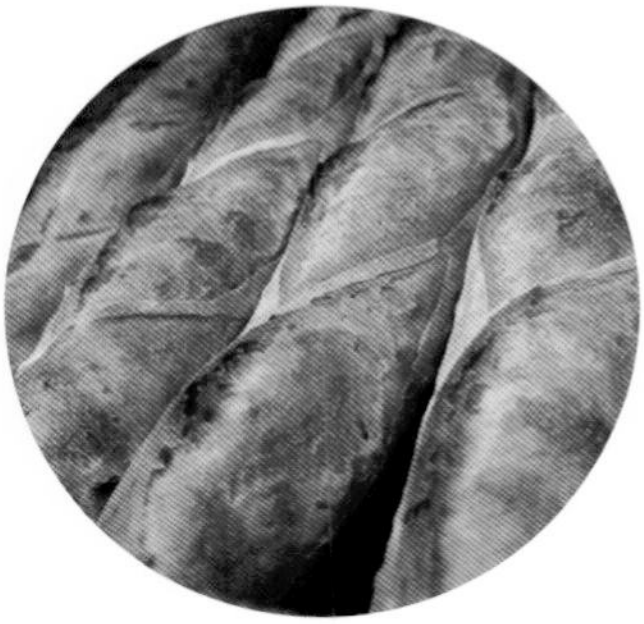
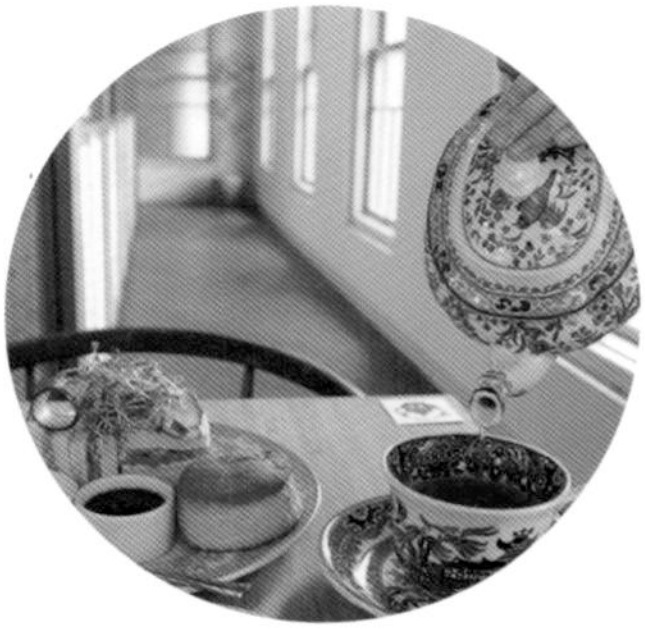
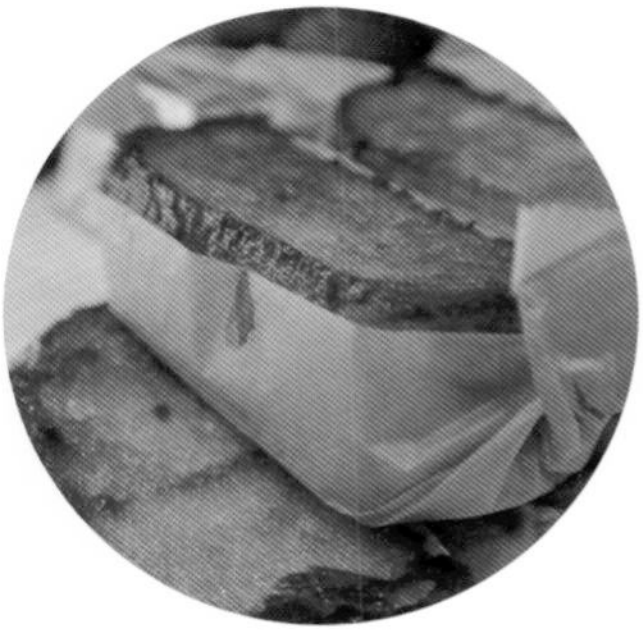
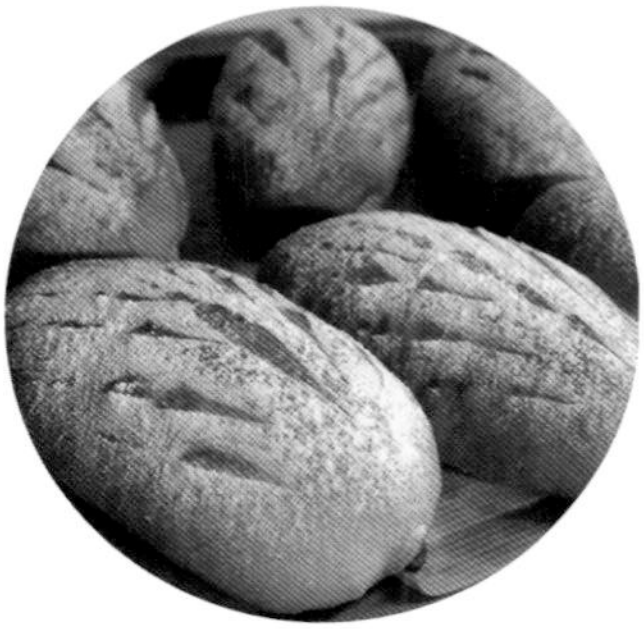
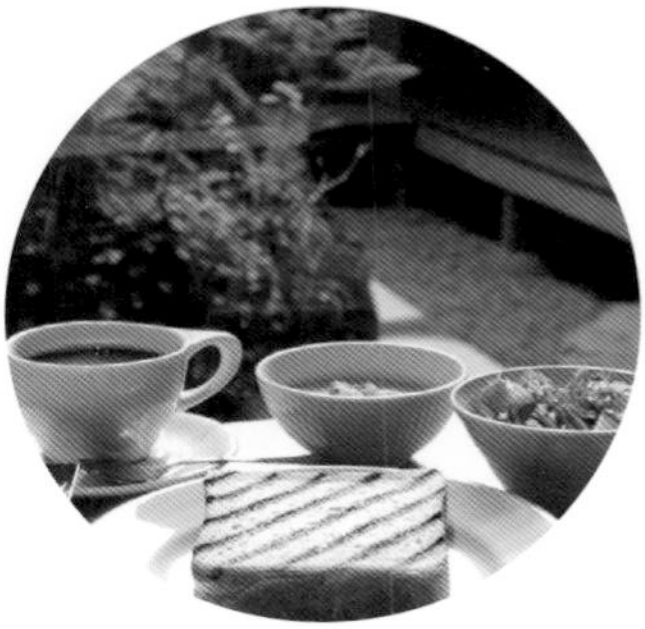

片岡れいこ 著

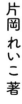

京都の人は本当に日本一パンが好き？「パンの都」の文化事情

京都は、本当にいろいろな顔を持つ街です。歴史ある古都、息づく伝統、アカデミックな薫り、料理や美術工芸などの和の文化……その中でも意外なのが、実は「パンの都」だという事実！少し前の総務省「家計調査」によると、京都市のパン消費量は日本一だったそう。その後も、常にベスト3にランクインしています。パン店舗数の人口比率でも京都は上位に入り、なんと9割の人が「朝パン派」という圧倒的なデータが。パン食は、もうすっかり京都の食文化だと言えるでしょう。

確かに、京都市内を歩けば、老舗のベーカリー、昔ながらの町のパン屋さん、スタイリッシュなブーランジェリーなど、各々のスタイルは違えど、中心部から周辺エリアのいたるところにパンの店が存在します。伝統的なお店には代を重ねるほどの根強い常連客がつき、モダンな趣向を凝らした新しいお店にも来店客が絶えないという有様です。

いったいなぜ、こんなにも京都の人はパンが好きなのか？その理由は、ハイカラで新しもの好きだったからとか、京都人の合理的な気質にパン食がぴったりだったからとか、諸説紛々。実際、京都は伝統文化や学生の街でもあり、忙しい職人さんや舞妓さんたちにとって片手で食べられるパンは重宝するとか。一人暮らしの学生にとっては、わざわざ料理をせずにすむパンはとても便利。そもそも、長い間都だった京都は、常に新しいものが入ってくる玄関口。その新しきを取り入れ、古きと巧みに融合させて自分たち独自の文化を創造してしまうことは、これまでの歴史が証明済み。そうしてパン需要の多い京都には、必然的に美味しいお店が集まってくるのでしょう。

さらに、京都の代表的な文化と言えば、風情あふれる京町家もそのひとつ。間口が狭く、奥行きのある細長い造りから「鰻の寝床」と呼ばれ、坪庭や内部のしつらえなど四季折々に変わる表情が麗しい建物もまた、古い時代を大切にしつつ、そこに新しい息吹を取り入れて後世に繋いでゆくことを使命とする京文化のスタイルを体現したものと言えるでしょう。居住する場所として、さらにはたくさんの人を楽しませるお店やゲストハウスとして、いまや京都の街並みと暮らしを構成する要素として欠かせないのが、美しく再生された京町家や古民家なのです。

本書『京都 パンで巡るおいしい古民家』では、パン屋さんからパンをいただけるカフェ・レストランまで、どこか懐かしい京都ならではの、とっておきのお店を紹介しています。せっかく「パンの都」でパンを食べるのなら、京町家や古民家の雰囲気を味わいながら体験したい。街歩きで京都らしい文化を覗き見しながら、美味しいパンを巡ってみたい。そんな京都のいいとこ取りがぎゅっと詰まったこの本で、お腹も心も満足していただいて、あなたの素敵な旅の想い出の1ページに刻んでもらえたなら嬉しいです。

もくじ

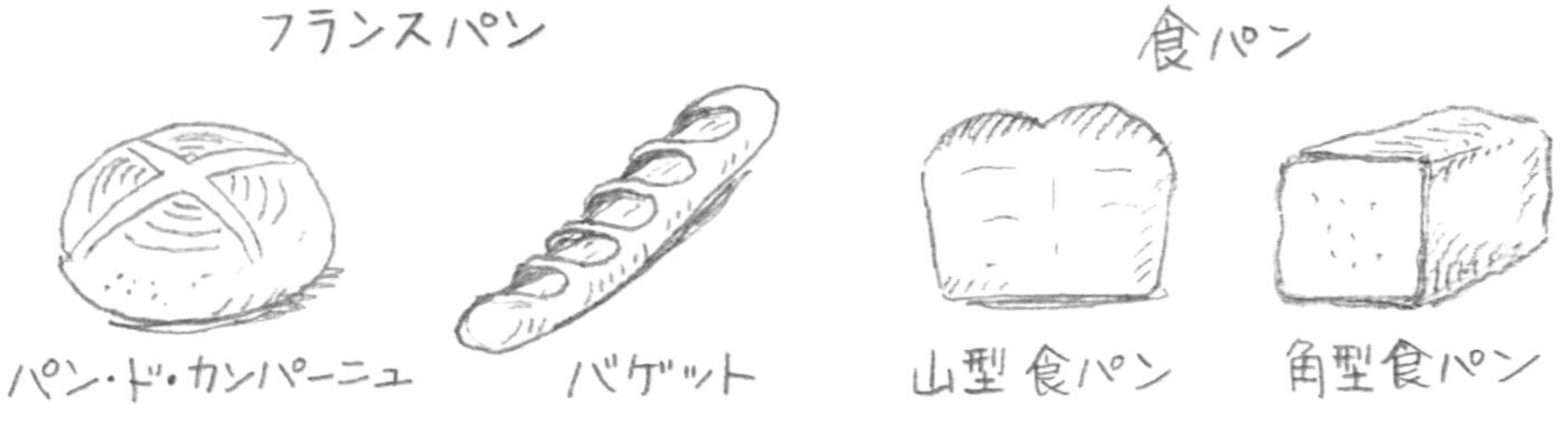

フランスパン
食パン
パン・ド・カンパーニュ
バゲット
山型食パン
角型食パン

調理パン
フランクフルト
カレーパン
食事パン
クロワッサン
ブリオッシュ

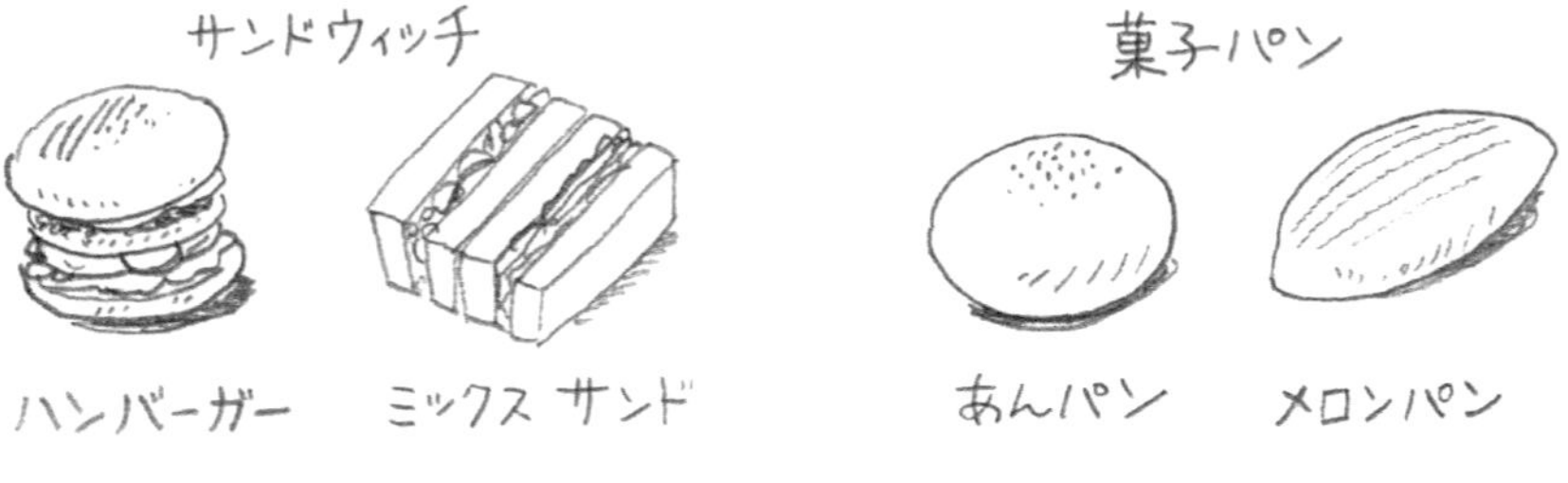

サンドウィッチ
ハンバーガー
ミックス サンド
菓子パン
あんパン
メロンパン

この本の使い方

この本は、京都府の、京都市と亀岡市のお店の分布エリアを、10 に分けて紹介しています。
＊P8・9 の、京都市と亀岡市に分けた広域マップ上に、10 のエリアを表示しています。
＊各エリアの最初のページに、より詳細なお店のエリアマップを掲載しています。
＊エリアマップ内のお店の番号と、紹介ページのお店の番号を照らし合わせて探すことができます。

【お店の番号】
各エリア冒頭のエリアマップ内の番号と照らし合わせて
お店のある場所を確認してください。

＊お店紹介ページ

【インフォメーション欄】

Address
Tel
Open
} お店の所在地、電話番号、営業時間、定休日などを掲載しています。

Parking …専用、または提携駐車場が有る場合、表示しています。

【タグアイコン】

パン専門店、または店頭販売有り▶

パンのイートイン可能、またはスペース有り▶

カフェ・レストラン▶

宿泊施設を併設している▶

【注意】
本書の情報は、2023 年2 月のものです。特別期間、および 時勢などの影響により、営業時間や定休日などが記載と異なる可能性がありますので、お出かけの際には HP などで必ず事前にご確認ください。

京都府京都市広域マップ

京都府亀岡市広域マップ

亀岡市まで足を延ばして
P114〜125

清水五条～祇園界隈

表も裏も、路地や小路に寄り道しながら京風情を

年中観光客が絶えず、京都の中でも最も京都らしい情緒が漂う界隈。雨の日も風情たっぷりの石畳の道や、軒を連ねた街並みが折り重なる坂の道。歴史的な犬矢来や駒寄のあるしっとりとした町家。寺社に花街情緒あふれるお茶屋建築。どこをとってもフォトジェニックな魅力にあふれている。

京都は平安建都の際、中国・唐の都の長安にならって、いまに知られる「碁盤の目」の都市になった。東西南北に走る大路（おおじ）・小路（こうじ）と呼ばれる通り沿いに店や住居が並び、時代が下ってからはその中心部に入るための「路地（ろうじ）」や「図子・辻子（ずし）」がつくられた。まるで毛細血管のように道が張り巡らされ、実際に歩いてみれば「あ、こんなところに細い道が！」という発見があるのがおもしろい。実に街歩きの醍醐味なのである。

六波羅蜜寺のある六原学区は、狭い道や袋小路の多い住宅密集地。90以上の路地にひとつずつ名前をつけて、清水焼の銘板を掲げてある。これで災害があった時の場所特定も容易に。コミュニティを大事にした取り組みも、古き都・京都のよいところだ。

高瀬川
京阪本線
辰巳神社
＊祇園新橋
＊巽橋
白川筋
白川
切り通し
花見小路通
東大路通
知恩院
知恩院通
鴨川
河原町通
木屋町通
先斗町通
富永町通
切通し 3
進々堂
祇園四条
四条大橋
四条通
京都河原町
阪急京都線
＊京都高島屋
＊南座
八坂神社
＊円山公園
4 グランマーブル祇園
川端通
5 京都祇園茶寮
団栗橋
団栗通
下河原町通
＊祇園甲部歌舞練場
ねねの道
高台寺
建仁寺
大和大路通
安井金毘羅宮
圓徳院
京阪本線
＊宮川町歌舞練場
石塀小路
八坂通
法観寺（八坂の塔）
松原通
二寧坂
大黒町通
六道珍皇寺
2 喫茶 文六
清水坂
柿町通
あじき路地
六波羅蜜寺
産寧坂
東大路通
清水五条
清水寺→
五条坂
五条通
渋谷通
大谷本廟
1 市川屋珈琲
1
馬町
方広寺
正面通
143
116
豊国神社
妙法院
＊京都国立博物館

市川屋珈琲

名物の季節のフルーツサンドが美しい
築200年の元陶芸工房で過ごす珈琲タイム

京都が誇る人気の東山エリア。馬町の路地を少し入ると、青磁の「市」の字の看板と白い暖簾が出迎えてくれる。イノダコーヒに18年勤めた店主が、築200年の清水焼の工房をリノベーションして２０１５年にオープンしたお店だ。お客様からの支持で名物になったのは、その季節一番美味しい果物を使った、月替わりのフルーツサンド。ふんわりしたパンと甘みを控えた生クリームが、果物の味わいを引き立てている。野菜とハムのミックスサンドの隠し味は、自家製の壬生菜漬けというのが京都らしい。香りやコク、苦みや酸味もそれぞれの3種類のホットコーヒーは、ブラックで飲むのがおすすめ。カップの口当たりもよく、建物、器、味、そしておもてなしすべてに品格とこだわりが宿っているのがよくわかる。正統派珈琲店の凛とした雰囲気に包まれて、とっておきの時間を過ごしてほしい。

01

Ichikawaya Coffee

窓から差し込む光が柔らかい。町家リノベ専門の作事組と共に、構想1年・施工8カ月かけて完成した空間だ。

店主の祖父の陶芸工房を改築した店内には、毎日新鮮な豆を焙煎する2台のロースターが。カウンター席に座れば、ネルドリップでコーヒーを淹れる様子を眺められる。

箱階段にもコーヒー器具をディスプレイ。店内で使用している清水焼のコーヒーカップは、店主の兄の作品だそう。

ベーコンとみぶ菜のサンド。ぶ厚くて歯ごたえのある無添加ベーコンと、新鮮な野菜がコラボレーション。

「京都の四季を感じてほしい」。季節のフルーツサンドは、旬が味わえると人気。例えば秋には柿を使ったり。

コーヒーは「市川屋ブレンド」「青磁ブレンド」「馬町ブレンド」の3種類。提供するカップのスタイルも異なっていて楽しい。

Address 京都市東山区渋谷通東大路西入る鐘鋳町396-2
Tel 075-748-1354
Open 平日 11:00～17:00、土日祝 9:00～17:00
毎週火曜、第2・4水曜休

喫茶文六

アーティストが集う路地に軒を連ねる居心地のよさが温かい家庭的な喫茶店

優しい手書き文字のメニューを見ていると、何をオーダーするか迷ってしまう。清水五条からほど近い、はんなりとした風情の路地に出された小さな黒板。若き店主ふたりが営む7席だけの喫茶店では、時間がゆっくり進んでいく。靴を脱いで上がる明治時代の町家は、艶めく木の風合いが趣深い。オーダーが入ってから丁寧につくるサンドウィッチ。ピザトーストやナポリタンのケチャップも自家製だとか。あんバターは、気軽にオーダーできる喫茶店らしいメニュー。待っている間には、レコードプレーヤーから流れるお気に入りの曲に耳を傾けて。週末の日替わり定食は、何があるのかお楽しみ。心のこもった食事と、なみなみと注がれたコーヒー。まるで自分の家で寛いでいるかのような居心地のよさ。「喫茶店は街の社交場」という笑顔の店主の言葉に、ついまたリピートしたくなるカフェだ。

格子から差し込む明るい光と共にゆっくりとコーヒーを楽しめるテーブル席があれば、床に座り大きなちゃぶ台でほっこりできたり。実にバリエーションに富んだ7席なのだ。

お客さんが描いた絵画や、くださったという気の利いたインテリアがところどころに。真心いっぱいの店内。

サンドウィッチは、卵、ハム、チーズ、野菜の全部入り。いいとこ取りで嬉しい一品。

聴きたいレコードの持ち込みOK。次第にお客さんが置いていってくれたコレクションが増えたそう。

南部鉄製のメーカーでつくる熱々のあんバターサンド。少し時間がかかるが、表面の焦げがさくさくで美味しい。

Address　京都府京都市東山区大黒町通松原下る
2丁目山城町284　あじき路地南一号
Open　10:00 ～ 21:00（18:00以降は要確認）
不定休

店内の照明スタンドは、
納得のおしゃれさ。
町家のクラシカルな雰囲気に
よくマッチしている。

切通し進々堂

舞妓さん御用達、祇園のレトロ喫茶店で
ふわふわの玉子サンドやトーストに舌鼓

祇園町北側。東の花見小路通、西の縄手通と共に、祇園の中心となる南北の通りが、切り通しだ。東西を貫く四条通にぶつかる手前にある「切通し進々堂」。花街で働く舞妓さん・芸妓さんや南座の役者さんたちから愛されている老舗喫茶店で、色鮮やかなゼリーが並ぶ店先のショーケースが目印だ。まずは、古き良き京都の味が魅力の玉子サンド、手に持った時の圧倒的なふわふわ感にも驚いてほしい。そして、祇園を舞台にした人気の漫画に出てくるのが、「ウイキュウ」の愛称で呼ばれる上ウィンナートースト。なんともユーモラスな形と、可憐なプレートが微笑ましい。トーストをこんがり焼くのは、お姉さん方からのリクエスト。ぱりっ・もちっ・ふわっとした食感と、シンプルな塩味が癖になる。いつの間にか21種類にも増えたパンメニューは、この店の優しさと愛されぶりの証拠なのだ。

03

Kiritoshi Shinshindou

切通しや四条通の賑やかさから一転、一歩中に入れば不思議と静か。ノスタルジックな雰囲気が落ち着く。

昭和を思わせるこじんまりとした店内には、常連の舞妓さん・芸妓さんの祝い札や団扇がたくさん飾られている。祇園という街と共に歴史を育んできたお店だと実感する光景。

こちらも人気の玉子トースト。片手で食べやすく、ぷるぷるの厚焼卵の食感がふんわり口に広がる。

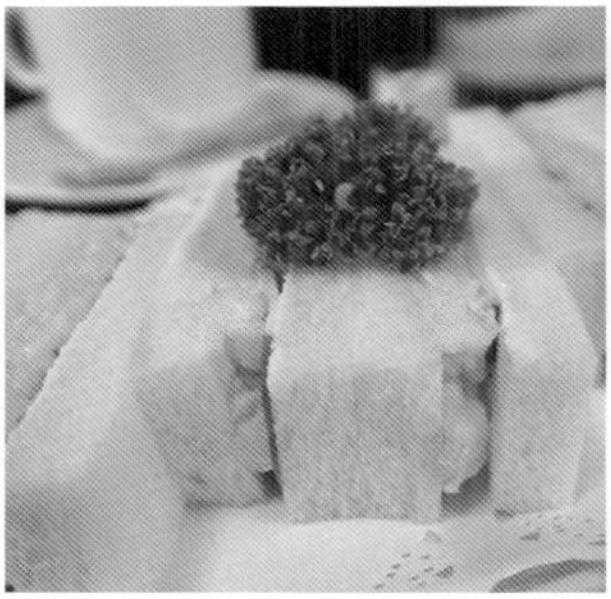

ふわふわのパンに、卵焼きとうす切りキュウリが入った玉子サンド。絶妙な塩加減で卵の甘みが引き立つ。

名物「ウイキュウ」。こんがり焼いたトーストの間に、ぷりっとした赤ウインナー、塩味を帯びたキュウリが。

昔ながらの三色ゼリーは、
季節のフルーツたっぷりで
おみやげにおすすめ。
「あかい～の」「みどり～の」
という名前は、舞妓さん言葉から。

Address 京都府京都市東山区祇園町北側 254
Tel 075-561-3029
Open 10:00 ～ 16:00（喫茶は LO15:30）
月曜休、不定休有り

グランマーブル祇園

目にも口にも美しさと季節の味わいを職人が織り上げるマーブルデニッシュ

京都市内をはじめ、大阪や東京、中国・上海にも店舗拡大している「グランマーブル」。ここ祇園の旗艦店は花街の中心地・花見小路にあり、風情たっぷり。異国の文化を受け入れ、京都らしさにアップデートしてきた京の伝統さながら、洋の味わいと和の素材をマッチングさせた色とりどりのマーブルデニッシュがずらりと並ぶ。この美しいマーブル模様は、職人による丹念な手づくりの証。幾重にも生地を織り上げたうえで、丁寧に焼き上げる。和の抹茶や小倉あん、かのこ。洋のコーヒーやキャラメル、ショコラ。栗や苺、りんごなどの季節のフルーツ…使う素材と組み合わせの多彩さで、定番から月替わりのフレーバーまで、訪れる人を魅了している。ふたつの味を1本のデニッシュにしたりと、遊び心も満載。自分へのちょっとした贅沢にも、心を込めた贈答品にもうってつけの一品だ。

04

GRAND MARBLE GION

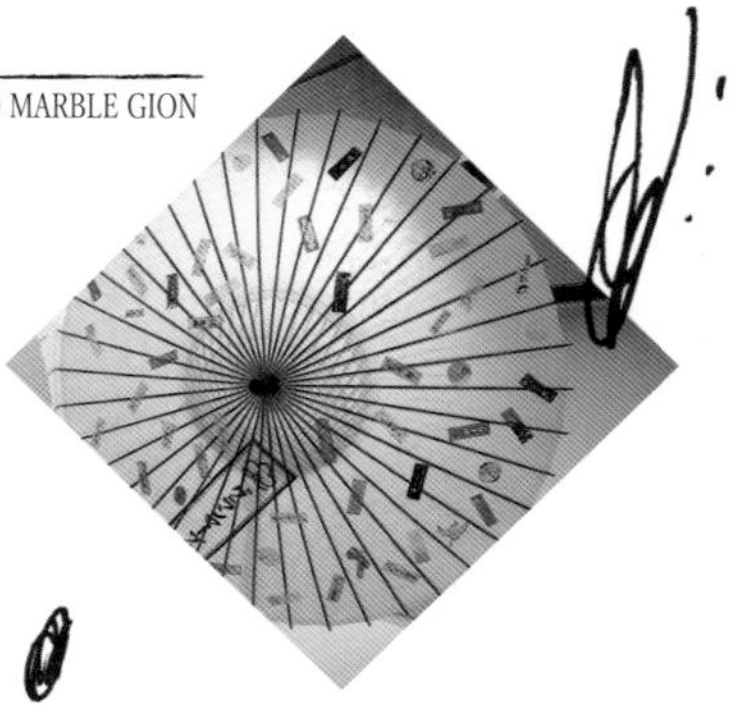

元料理屋だった建物を和モダンに改装した祇園店は、しっとりとした雰囲気で、花街の風情漂う。坪庭を臨むショップで、ぜひお買い物を楽しんで。

2階には、オリジナル特別メニューやお酒を提供する「カフェ＆シャンパーニュ祇園ちから」。

髪の毛を三つ編みするように、生地を丁寧に織り上げているので、切り口によって異なる模様が楽しめる。

祇園店限定商品「祇園辻利抹茶くろみつ」。薫り高い抹茶が練り込まれ、黒みつと小倉あんのほのかな甘みが。

人気の「京都三色」を含む4種類を個包装にしたセットは、便利さと手軽さからお持ち帰りやおみやげに好評。

Address 京都市東山区祇園町南側
Tel 075-533-7600
Open ショップ 11:00 ～ 18:00 / 無休
カフェ / 2023.4 現在休業中

ふわふわのマーブルデニッシュと、スキレットでカリカリに焼けたチーズの食感がたまらない「クロックムッシュ」は、カフェの新定番メニュー。

京都祇園茶寮

八坂神社・石鳥居前に佇むセレクト茶寮 早起きして「蔵だし食パン」モーニングを

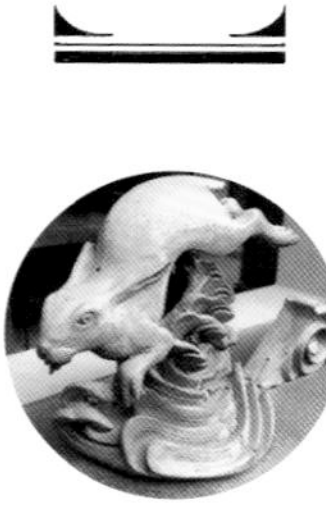

八坂神社、南楼門のすぐ近く。観光客が多く行き交う下河原町通に面した「京都祇園茶寮」は、築100年の蔵を改装したという堂々とした店構えである。店内の工房で焼き上げるイチオシメニューの「蔵だし食パン」は、焼き立てのふわふわで提供され、まるでご飯のようなしっかりした味わいで美味。3種のペーストが添えられた限定セットは、早起きしてもぜひ食べてほしい。そのほか、美山の新鮮野菜をふんだんに使った「京野菜のピザトースト」や、壬生菜の漬物がシャキシャキの「京壬生菜のたまごトースト」など、京都らしいメニューが揃う。その場でひとつずつ丁寧に点てられる「抹茶ラテ」や、「ほうじ茶ラテ」などのドリンクにいたるまで、厳選した素材を味わえるのが嬉しい、伝統的ながらモダンな空間で寛ぎのひと時が過ごせる、贅沢なカフェだ。

05

KYOTO GION SARYO

一枚板のテーブルと絵画のような坪庭の眺めが印象的な1階席。開放的で落ちついた店内は、光をうまく取り込み、様々な魅力の詰まったモダンな和空間に仕立てられている。

ご飯にお漬物感覚!? 日替わりペーストと味わえる「焼き立て蔵だし食パン」。特製白味噌だしポタージュ付。

まったり過ごせる和室や、家のように寛げると好評な半個室のソファ席など、バリエーション豊かな2階席。

アクセントの山椒が効いた「山椒コンビーフのホットサンド」は自慢の一品。キャベツの歯ごたえも絶妙。

シンプルながら、たっぷりのバターのコクが小麦本来の味わいを引き立てる「厚切りバタートースト」。

Address 京都市東山区祇園町南側 506
Tel 075-746-6728
Open 平日 9:00 〜 18:00 / 土日 8:00 〜 18:00（LO 17:30）

プレーン味の「蔵だし食パン」は、テイクアウトOK。小麦の香ばしさと素朴な風味が人気の手づくりクッキーは、自分用にもおみやげにも。

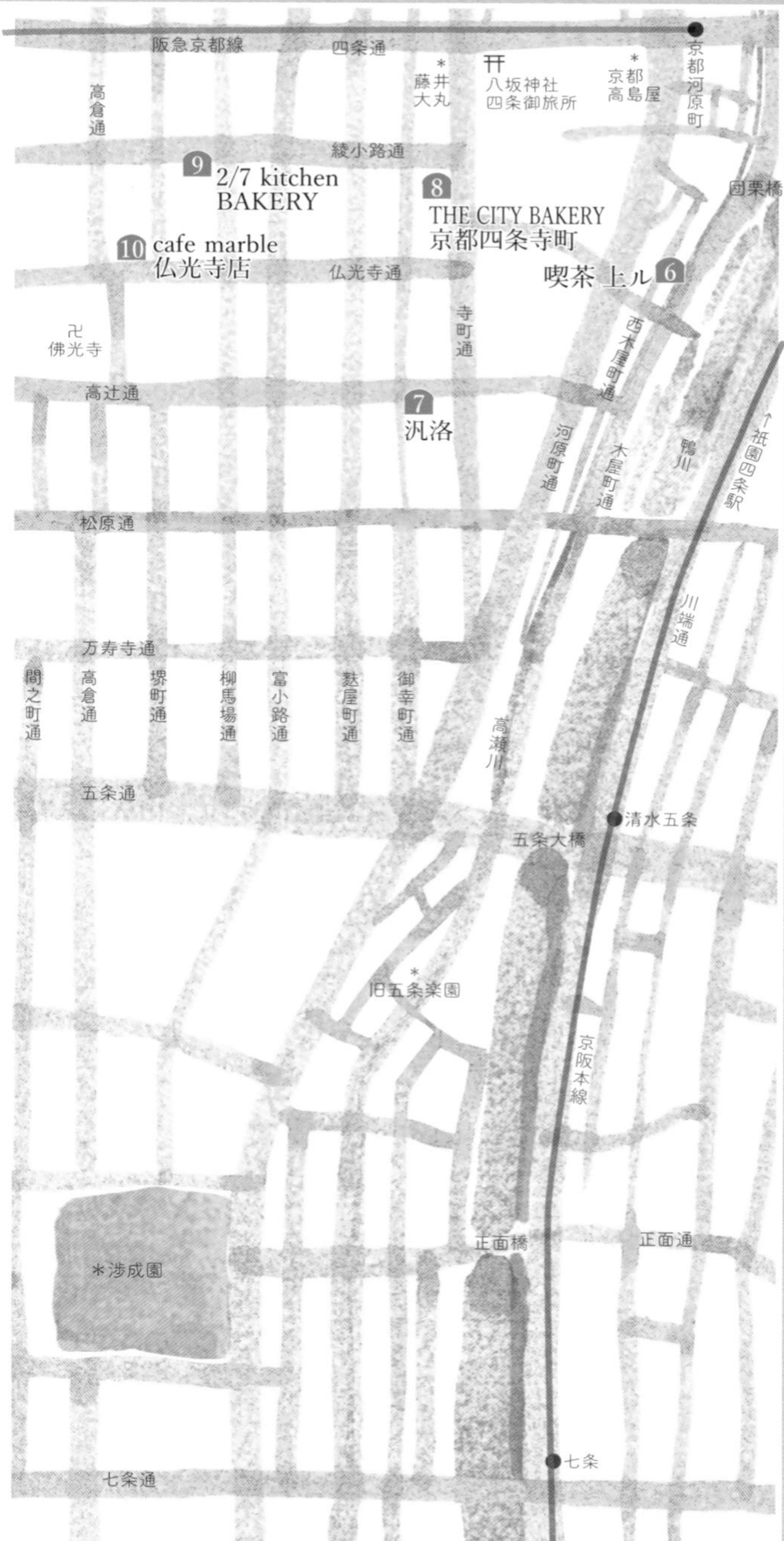
阪急京都線
四条通
京都河原町
＊藤井大丸
八坂神社四条御旅所
＊京都高島屋
高倉通
綾小路通
9 2/7 kitchen BAKERY
8 THE CITY BAKERY 京都四条寺町
団栗橋
10 cafe marble 仏光寺店
仏光寺通
喫茶 上ル 6
寺町通
卍 佛光寺
西木屋町通
高辻通
7 汎洛
河原町通
木屋町通
鴨川
↑祇園四条駅
松原通
川端通
万寿寺通
間之町通
高倉通
堺町通
柳馬場通
富小路通
麸屋町通
御幸町通
高瀬川
五条通
清水五条
五条大橋
＊旧五条楽園
京阪本線
正面橋
正面通
＊渉成園
七条
七条通

七条〜四条界隈

門前町、祇園祭、そして京町家の真髄を体感する

七条通に堂々とした姿を見せる東本願寺・西本願寺。西は正面通、東は渉成園までの間にそれぞれの門前町が形成された。いまでも瓦屋根の数珠屋や仏具屋、法衣屋、お香など伝統産業の老舗が軒を連ね、江戸時代の面影を伝えている。また、この辺りは京町家が多く残るエリアでもあり、町家をリノベーションしたお店や住居のほか、一棟貸しの宿もよく見かける。シックなホテルやモダンなカフェなどに人が集まる旧五条楽園から北の高瀬川・鴨川沿いにも、最近このタイプの宿が増えているので、京都を味わう旅の宿候補に加えてみては。

また、華麗な山鉾巡行で知られる祇園祭は、夕方の神輿渡御でクライマックスに。特に後祭の7月24日に行われる還幸祭では、地図でパンのお店を紹介している四条通から高辻通のゾーンを、三基の神輿が大勢の担ぎ手と共に勇壮に渡っていく。昔ながらの街並みが残る狭い通りに熱気がほとばしる光景は、京都の暑い夏の風物詩。四条烏丸を中心とした各山鉾町の小路に駒形提灯をつけた山鉾が佇む宵山期間も、絶好の街歩きになるだろう。

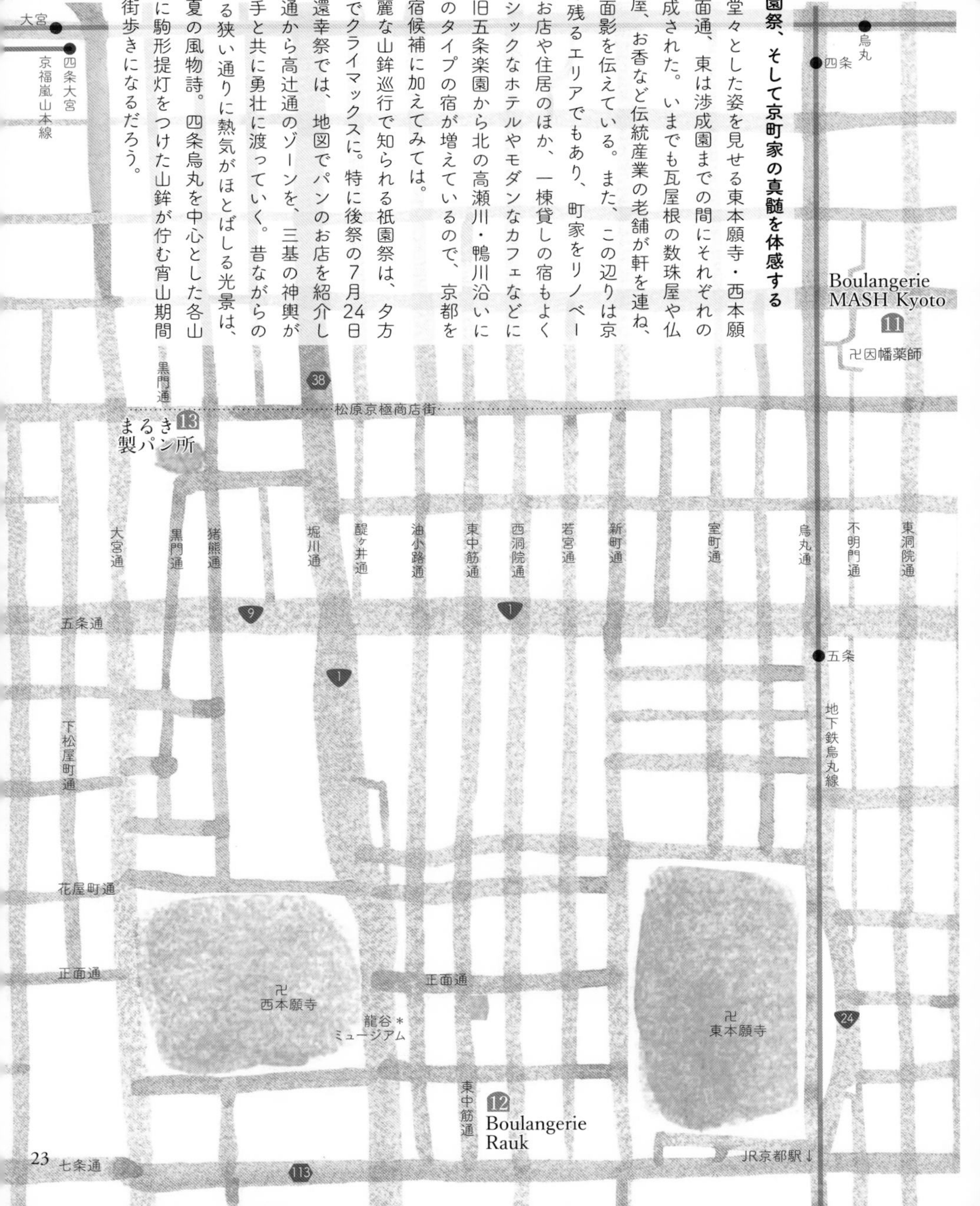

喫茶上ル

西木屋町、美しい高瀬川ビューの喫茶室
自家焙煎珈琲やホットサンドでひと休み

四条通から河原町通を下り、ふっと西木屋町通に入る。街中の喧騒が途切れたあたりに、ひっそりと佇むのが「喫茶上ル」である。すべての席が高瀬川を眺められるように配置され、寛いでいるといつの間にか頭の中の雑念が空っぽになってゆく。窓際ならあまりにも外が近くて、まるで高瀬川に浮かんでいるような感覚に陥るほど。ホットサンドやトースト、焼印が愛らしい「ミニどら」やキャラメリゼのプリンなど、ふらっとやって来てひと休みしながら、さくっと食べられる軽いものがメイン。自家焙煎コーヒーの香りと、穏やかに流れる川のせせらぎ。ふと目を上げると、高瀬川の川面と向こう岸の町家。思い切りのんびりしたなら、ふらっと街へ帰ってゆく。そんなショートトリップをきめるのに、最適な現代版・峠の茶屋。心がほぐれる京の隠れ家なのだ。

06

Kissa agaru

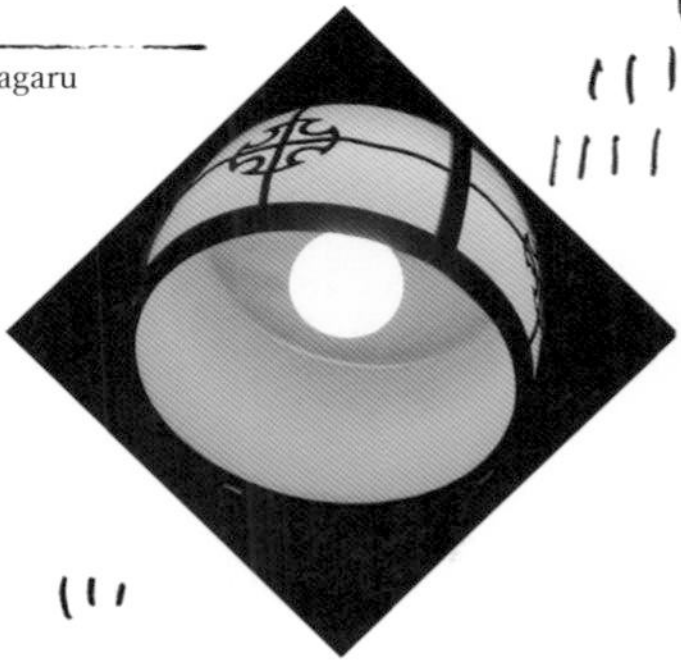

おすすめは、高瀬川に面した座卓席。2階からは、春、川沿いに咲き誇る桜が絨毯のように広がる絶景が望める。

皮革でつくられた手製の暖簾をくぐり、引き戸を開ける。玄関で靴を脱ぎ、上り框を上がって畳の室内へ。友人のうちにお邪魔したような、ほっこりした雰囲気の空間だ。

具がみっちりの「ホットサンド」と、しょうがの効いた「チャイ」。丸盆にちょこんとのって出てくるのが素敵。

昔からコーヒー豆の焙煎が趣味だったという店主。豆挽き機のディスプレイが、渋緑のタイルに映えている。

健康に配慮したり、美味しいと思ったお気に入りの食材で提供している「バターあんこトースト」。

Address 京都市下京区西木屋町通仏光寺上る市之町 260

Open 11:45 ～21:00（水曜は 19:00 まで）木曜休

シュガーポットには、
角型の三温糖と生砂糖。
身体に優しい小さな気配りが嬉しい。

汎洛（ぱんらく）

京都であまねく美味しいパンを届けたい
溶岩窯で焼き上げる本格的なパン78種

高辻通と御幸町通が交差する南東角。壁に描かれた大きなキリンが目印の「汎洛」が溶岩窯を使って焼く、リーズナブルで美味しいパンには固定ファンが多い。小さな店舗にも関わらず、パンの種類は78種。そのうち28種を食通が訪れる藤井大丸地下階の「スーパータベルト」にも納品しているので、1日中どんどんパンを焼き続けていることになる。朝はサンドイッチやバンズ系が売れるので多めにつくる。男女別に好まれるパンなど、売れ行きの把握にも余念がない。看板商品は「溶岩いちじく」。もっちりとした甘みのある生地に入ったドライいちじくのぷちぷち感がたまらない。「広く」を意味する「汎」、京都や都を意味する「洛」。店の名前に込められた「京都で広くあまねく美味しいパンをお届けしたい」という志を果たすべく、パン激戦区の京都で切磋琢磨を続ける日々なのだ。

07

PANRAKU

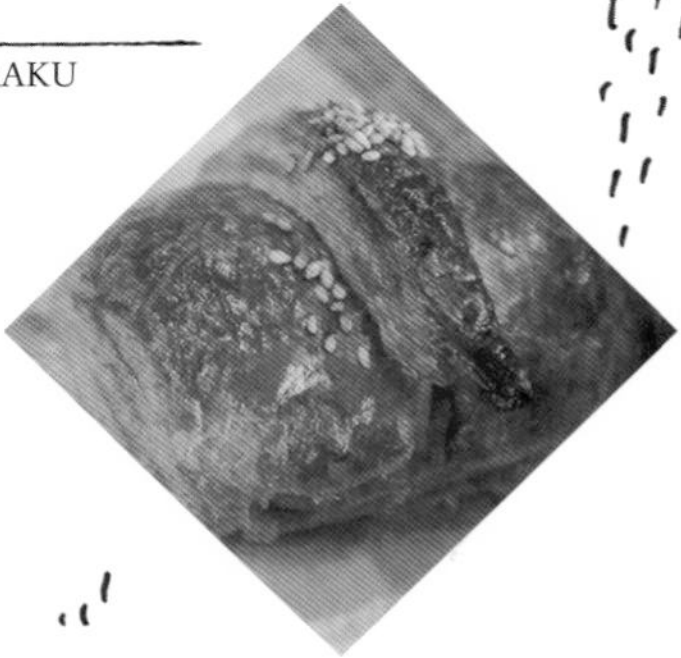

パン焼き窯の内面が溶岩プレートになっている特殊な石窯「溶岩窯」。遠赤外線効果と高温直火で、パンの表面はパリッと、中は旨みを逃さずもちっとジューシーに仕上がる。

小さい店舗なのにパンの種類は 78 種も。売れては追加し…という感じで、まさに 1 日中パンが焼かれている。

食パンにバゲット、調理パンに菓子パン…人気のパンはあっと言う間になくなるので、欲しいものは予約を。

訪れるお客様と一緒に、次々と入れ替わるパンたち。午後になっても焼き立てのパンが店頭に並べられる。

厚切りの「フレンチトースト」は、クロワッサン、フランクロールと並んで、女性の人気 NO.1 を誇る。

男性に人気なのは、カツサンドや焼きそばパンなどがっつり系。外国のお客様は、バゲットや溶岩くるみを好まれるとか。

Address 京都市下京区御幸町通高辻下る
桝屋町 482-2
Tel 075-344-2378
Open 8:00 ～19:00（但し売り切れ時点で閉店）
日曜・祝日休

【THE CITY BAKERY 京都四条寺町】

奥行を活かしてゆったり配置した65席 思い思いに過ごせるのが魅力の寺町店

アメリカ・ニューヨーク発祥の「THE CITY BAKERY」は、日本でも東京・大阪・福岡など全国に展開中の人気ベーカリーカフェ。京都に初出店したのが2021年7月。開店以来、すっかり寺町通の風景に溶け込み、多くの人が集うスポットとして定着した。プレッツェルクロワッサンなどニューヨークレシピの定番もありながら、地元食材を使ったその土地ごとの商品が特徴で、京都産の小麦や抹茶、黒豆などを使ったパンやペイストリーが京都限定で楽しめる。また、ここ寺町店は空間が広く、テーブル席やカウンター席の間隔も余裕を持ってレイアウトされているので、ゆっくり過ごすお客様が多いとか。パン&コーヒーはもちろん、限定モーニングやランチメニューなどを食べながら、思い思いに過ごせる街のベーカリーカフェ。いつ誰と来ても、どんな使い方をしてもOKなのが嬉しい。

08

THE CITY BAKERY KYOTO SHIJO TERAMACHI

ほどよく和のテイストを取り入れつつ、黒がアクセントのモダンな空間に。京都の旗艦店に相応しいデザイン。

入ってすぐ、坪庭を眺めるカウンター席。京都の街ならしい奥行の深さを活かして、一番奥にはグループで座れるテーブル席を配置するなどのバリエーションが。

京都産小麦と宇治抹茶生地、ふっくらした丹波黒豆入りの「抹茶黒豆チャバタ」。奥は「山椒ガーリックバゲット」。

2階席は一転、焼きレンガの壁がシックな雰囲気で、黒いテーブルの印象も変わる。つい長居をしたくなる。

京都限定バンズに挟まった100%ビーフの粗挽きパティがジューシーな「CBバーガー」。ポテトもボリューミー。

京都産小麦「せときらら」を100%使用した「京バゲット」。噛めば噛むほど、小麦の甘みをじっくり味わえる。

Address 京都市下京区寺町通仏光寺上る中之町569
Tel 075-606-5181
Open 8:00 ～ 19:00 / 無休

2/7 kitchen BAKERY（ななぶんのにキッチンベーカリー）

日本人のパンを京都から世界へ届けたい 香ばしい小麦感ともっちりとした味わい

印象的な店名は「1週間に2度食べたくなるパン」というコンセプトから。綾小路柳馬場を西に入ってすぐの、大きなガラス張りの京町家。日本と海外の文化をうまく融合させている京都を拠点に、日本独自のパンを世界に発信していきたいという想いから、店舗デザインもパンもこだわっている。小麦粉のブレンド、製法や焼き加減もパンによって変え、香りのよさも意識。並んでいる焼き立てパンは一見ハード系だが、中がもっちりとしていてまさにジャパニーズブレッド。塩パンには京都人のソウルフードの山椒を使い、クリームパンなどの菓子パンはブリオッシュ生地だったりと、意外性にも事欠かない。とにかく生地が美味しく、具材とのバランスが絶妙。2度とは言わず、毎日でも食べたくなるパン揃い。通う人を虜にしてしまう魔力がある。

09

2/7 kitchen BAKERY

焼き上がったパンは、オーブンからすぐに店頭へ。このスタイルが、地域密着・町のパン屋さんらしくていい。

「ライ麦バゲット」は自家製天然酵母を使い、一晩・18時間以上発酵させる。酸味の中に甘みと香りがあり、外側のパリッとした香ばしさとのコントラストが味わい深い。

北海道産の石臼挽き全粒粉ときび糖を使った「角食パン」。小麦本来の味わいが。トーストでもそのままでも。

ブリオッシュ生地のメロンパンやクリームパン。昔ながらの菓子パンも、ちょっぴり贅沢気分で楽しめる。

「クロワッサン」、織り込んだ発酵バターはベルギー産。皮がサクッと香ばしく、中はもっちりしている。

Address 京都市下京区綾材木町 207-3
Tel 075-353-1930
Open 7:30 ～ 18:30 / 月曜休

自家製スモークベーコンをバタール生地で包んだ「スモークベーコンのエピ」。小ぶりで、表面の粉チーズがよりカリッと香ばしい。お酒のつまみにもよさそう。

【cafe marble 仏光寺店（カフェマーブル）】

繁華街から一歩中に入った京町家は夜ごはんにもぴったりなダイニングカフェ

高倉通を下って、ちょうど仏光寺の北東角。ロゴのブルーと白がぱっと目に入る木の看板が目印だ。町家ならではの落ちついた店内に、ゆったり置かれたヨーロッパのアンティーク家具。ほっこり寛げる大きなソファ席から、足踏みミシンを使った土間席、奥の坪庭すぐ横の席まで、どこも居心地よさが半端ない。ランチやカフェタイムはもちろんだが、しっかり夜ごはんを食べたい時や、ちょっと飲みたい気分の時にも頼もしいメニュー揃い。名物のキッシュやタルト、季節感あふれるフルーツを使ったジャムソーダなどのドリンクをオーダーして、ひとりでのんびり過ごしたり、久しぶりの友人と積もる話をしながら、この空間と一体化してほしい。スタンプカードにも素敵なひと工夫があって、全部埋まったところが見たくなる。またすぐ訪れたくなるカフェだ。

10

cafe marble Bukkoji

格子戸からの光あふれる明るいキッチン。自家焙煎のコーヒー豆を、丁寧にハンドドリップで提供している。

火袋と呼ばれる吹き抜けのある土間スペース。しっくいの壁に描かれたクマのキャラクターが、ダイナミックで印象的。築100年以上の元材木商の店舗を、そのまま活かして。

スコーンやタルトも生地からすべてお店で手づくり。ランチには、カレーやリゾットもあって飽きさせない。

靴を脱いでから、急な階段を上がって。畳の座敷スペースと、テーブル席がある2階もとても開放的だ。

ごろごろ野菜と 2種のチーズが入った「キッシュプレート」。たっぷり野菜とスープがついて、満足感大。

Address 京都市下京区仏光寺通高倉東入る西前町378

Tel 075-634-6033

Open 11:00 ～ 21:00 / 最終水曜休

押入れを利用した、
本棚のあるカウンター席。
季節の花が飾られていたり。
読書にも勉強にも。

Boulangerie MASH Kyoto（ブランジュリーまっしゅ京都）

和と洋を融合させた空間とパンづくり 京都らしい食材を使った雅な創作パン

烏丸高辻の交差点からほど近く、街並みにしっとり溶け込む京町家。赤い看板を目印に中へ入ると、天井には赤いシャンデリア。モダンな店内には、まるで工芸品のようなパンが並ぶ。京都で育ち、パリで修業を積んだ店主は、京都らしさをテーマにしたオリジナリティあふれるパンを焼き上げる。はんなりした和菓子のような「京菓子パン」シリーズもそのひとつ。「花のいろは」は、ワンポイントのスミレの花が愛らしい。真っ白な生地には「木下酒造」の酒種が練り込まれ、中身は紫芋のこし餡だ。そのほか、西京味噌や九条ネギなどを使った調理パン。京都の方言でゆで卵、「にぬきのピタサンド」などのサンドイッチ。本場フランスの味を受け継ぐフランスパンも。ユニークなネーミングと、目と舌で古都の風情を味わえる楽しいパン満載のお店なのだ。

11

Boulangerie MASH Kyoto

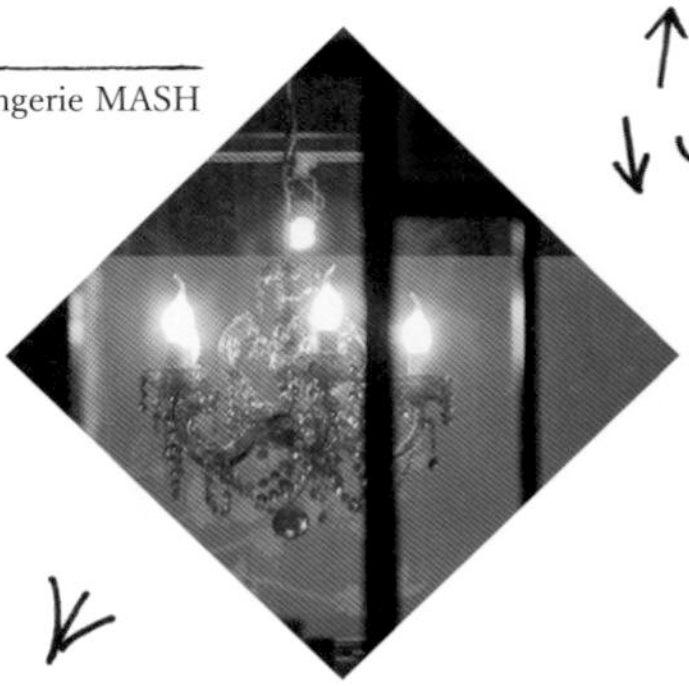

木枠のガラス張り扉を入ると黒いシックな什器が目に入る。清水焼のパン皿や漆器風のトレイなど、小物類にまで京都らしいセンスが宿る。2階にはおしゃれなカフェスペースも。

源氏物語の女君の名前がついた食パン「玉かずら」など、食パンは袋に入った５枚切・６枚切のものもご用意。

長時間低温熟成発酵のフランスパン。ハード派の方はバゲット、もっちり派にはエピやブールがおすすめだ。

レーズンの味わいを堪能できる「レーズン食パン」。生地を一日熟成させることで、甘くてもちもちの食感に。

花のいろは、桜メロンパン、抹茶メロンパン、藤壷に六条御息所…見た目も名前も風情ある「京菓子パン」。

Address 京都市下京区東洞院通高辻下る燈籠町568
Tel 075-352-0478
Open 8:00 ～ 19:30（２階カフェ 12:00~18:00）火・水曜休

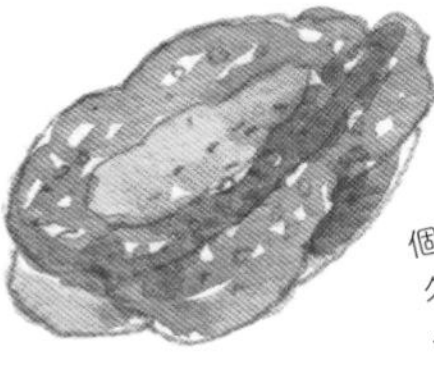

個性的な「白味噌とホワイトソースのクロックムッシュ」には、ハード系のパンを使う。白味噌が隠し味の濃厚ソースとサラミが絶妙にマッチング。

Boulangerie Rauk
（ブーランジェリー ルーク）

京都の有名イタリアンも御用達 JR京都駅から徒歩圏内のパン屋さん

京都駅から歩いて10分ほど、西洞院通沿いのなんともかわいらしいパン屋さん。ハード系からシンプルな調理パン、素朴なあんパンまで、幅広いラインナップが店内に揃う。ペストリーは洋菓子屋レベルの美味しさで、例えば自家製カスタードには、厳選した卵黄・牛乳・生クリームを使い、天然のバニラビーンズをちりばめる。素材が新鮮だから、添加物や余分なフレーバーは一切入れない。パンに一途な店主は「昨日よりも美味しいパンを」と常に考え、お客様が美味しいと思うパンをつくることが一番。パン業界全体が発展してほしいからと、レシピやつくり方まで公表していているほど。京都のイタリアンを代表する名店「イル・ギオットーネ」御用達なので、その味は確か。ちょうど東本願寺と西本願寺の間にあるので、京都観光の時や通勤・散歩の途中にふらっと立ち寄ってほしい。

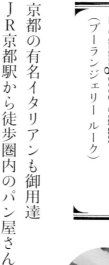

12

Boulangerie Rauk

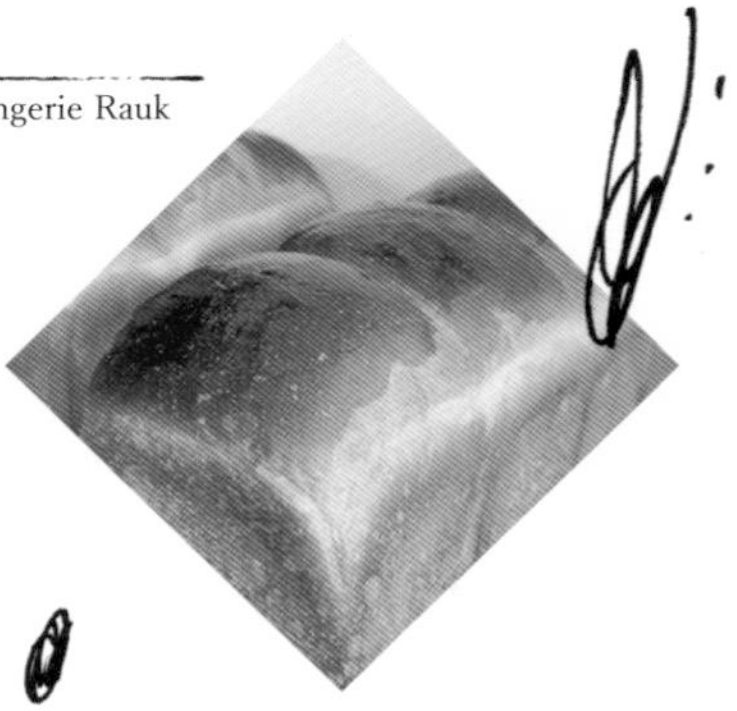

手間を惜しまず、ひとつずつ精魂込めてつくられるパンのいい香りが漂う店内。つい買い込んでしまいそう。

狭い間口からは意外なほど、吹き抜け天井が開放的な店内。温かい壁の色とウッディ感がマッチしている。玄関脇の植木鉢に花が咲き、手描きの看板もほっこりした佇まい。

人気 No.2「リンゴの紅茶パン」は、アールグレイの香りが漂う生地にリンゴの甘煮を練り込んだ優しい味。

「カリフォルニア宇治」は、くるみと小豆の入った抹茶生地のパン。コンテストでテクニカル賞を受賞した。

5種類の豆たっぷり、無添加の「五色豆食パン」。フレッシュバター 100%の風味、小麦と豆の甘みが味わえる。

フランスパンに明太子を塗って焼き上げた「明太子フランス」は、ビールのおつまみにもぴったりだ。

Address 京都市下京区西洞院通七条上る福本町422-2
Tel 075-361-6789
Open 7:00 ～ 18:30 / 木曜休

まるき製パン所

早業で次々つくられるコッペパンサンド
75年以上、地元・大宮で愛され続ける名店

昭和22年の創業以来、松原京極商店街で変わらず営まれている「まるき製パン所」。早朝から開いていて、通勤・通学途中の方がパンを買っていく。ここの名物は、ほんのり甘いコッペパンにいろいろな具材を挟んだコッペパンサンドだ。たっぷりの粒あんやクリーム、でっかいカツやコロッケなど、ほとんどの具材が自家製。店舗奥の作業場では、数人のスタッフが調理をしていて、目にもとまらぬ手際のよさである。次々にお客様が来てパンがなくなり、なくなっては追加され…という光景は、まさに地元の名店ならでは。そのほか食パンやおやつパン、焼きそばパンや揚げパンなどもあって、その数は全部で40種類以上。家庭的であたたかい。庶民的で旨い。そしてシンプルだからクセになる。おかず系と甘い系をいっしょに買っていく人が多いのもよくわかる。観光客にも人気の老舗なのだ。

13

MARUKI BAKERY

1日にいくつのコッペパンが焼かれているんだろう。売れゆきにあわせてどんどんつくられるので、いつも焼き立て。軽い食感と歯切れのよさで、中の具材が引き立つ美味しさだ。

昔ながらの対面販売だから、お客様への笑顔と会話を大切に。孫の代まで買いに来ている方も多いそう。

キャベツの千切りがはみ出さんばかりに入った、ハムカツとオリジナルソースの「カツロール」。男性に好評。

シンプルで強い。ウィンナーがぱりっとした「ウィンナードッグ」。カレー風味の炒めキャベツがポイントだ。

ひとつ食べたら、すぐもうひとつ食べたくなる、昔懐かしい「ドーナツ」は超人気商品。ふわっとやわらか。

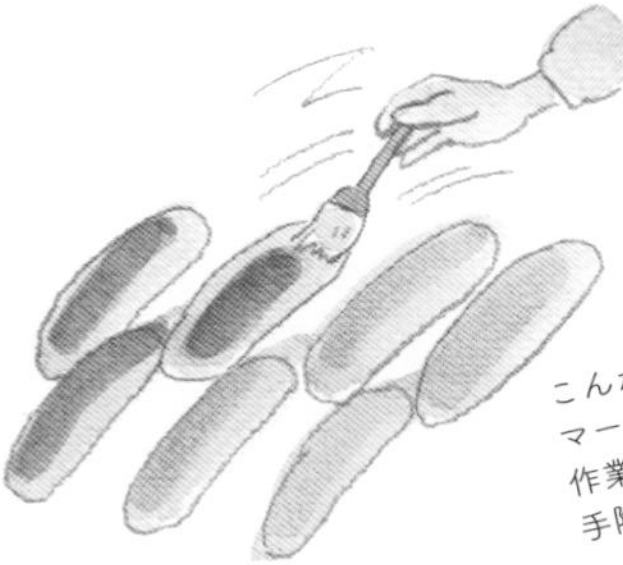

こんがり焼かれたコッペパンに、マーガリンを塗ってつやつやに。作業場では、切れ目を入れたパンに手際よく具材が挟まれていく。

Address 京都市下京区松原通堀川西入る北門前町740
Tel 075-821-9683
Open 6:30〜20:00（日曜・祝日は7:00 〜14:00）
月曜休（祝日の場合営業）
parking 有り

四条〜三条界隈

路地奥の風情から町家鑑賞、喫茶店文化まで幅広く

言わずと知れた、京都中心部の繁華街エリア。提灯が彩る風情たっぷりの先斗町では、手づくりの「抜けられます」の札に誘われ、路地奥を見て歩くのも楽しい。賑やかな店舗が連なる「京都の台所」錦市場では、幾本もある小路の個性を堪能できる。また三条通には、京都文化博物館をはじめ明治以降のモダン建築が目白押し。烏丸通以西の、京都の夏を華やかに彩る祇園祭の山鉾町まで、万華鏡のようなさまざまに美しい表情を見せるのがこのエリアだ。特に祇園祭の時期は、ご神体や懸装品が間近に見られる会所巡りのほかに、屏風祭もおすすめ。山鉾町の旧家では表の格子を外し、室内に美しい屏風や調度品を飾って、通りから鑑賞できるようにしつらえてくれる。町家の中と美術品を鑑賞できる絶好の機会である。

そしてパン食がすでに京都に根づいた食文化なら、コーヒーや喫茶店文化も同様だ。京都はコーヒー豆の消費量でも全国1位のコーヒー好きの街。モーニングはいつものあの店で、と決めてる人も多い。老舗珈琲店からいまどきのおしゃれカフェまで、お気に入りのコーヒーとパンを見つけに出かけよう。

＊夏を快適に過ごせるように…京都の町家の工夫とは？

「家のつくりやうは夏をむねとすべし」。有名な『徒然草』で吉田兼好はこう述べている。夏は猛暑、冬は底冷えがする盆地特有の気候。特に夏の暑さ対策のために、京町家には数々の工夫がなされてきた。直射日光を遮るため、家の庇を深く取る。玄関から奥へとつながる吹き抜けの土間である「通り庭」でうまく空気の流れをつくり、上部に設けられた明り取りの天窓からは熱い空気を逃がすこともできた。続き間の襖や障子を簾（すだれ）や簾戸（すど）にして開放するなど、室内の建具を風通しのいいものに替えたり。風情だけではなく、エアコンのない時代に蒸し暑い夏を乗り切る現実的な智恵がたくさん詰まっている。

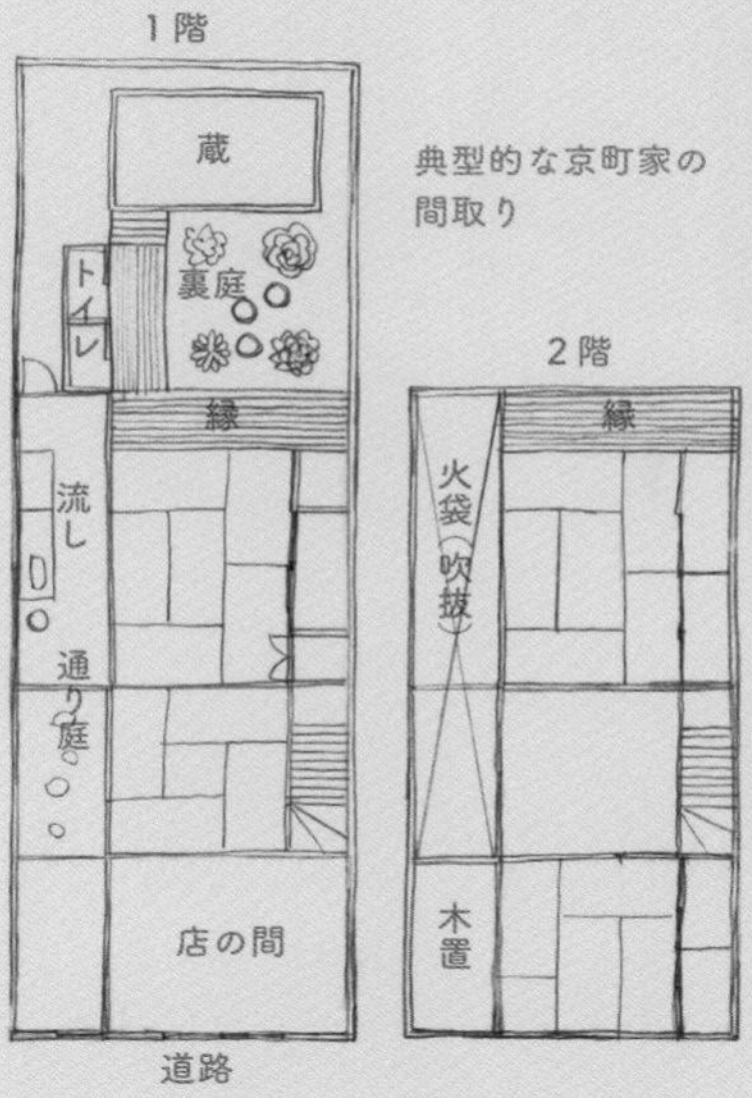

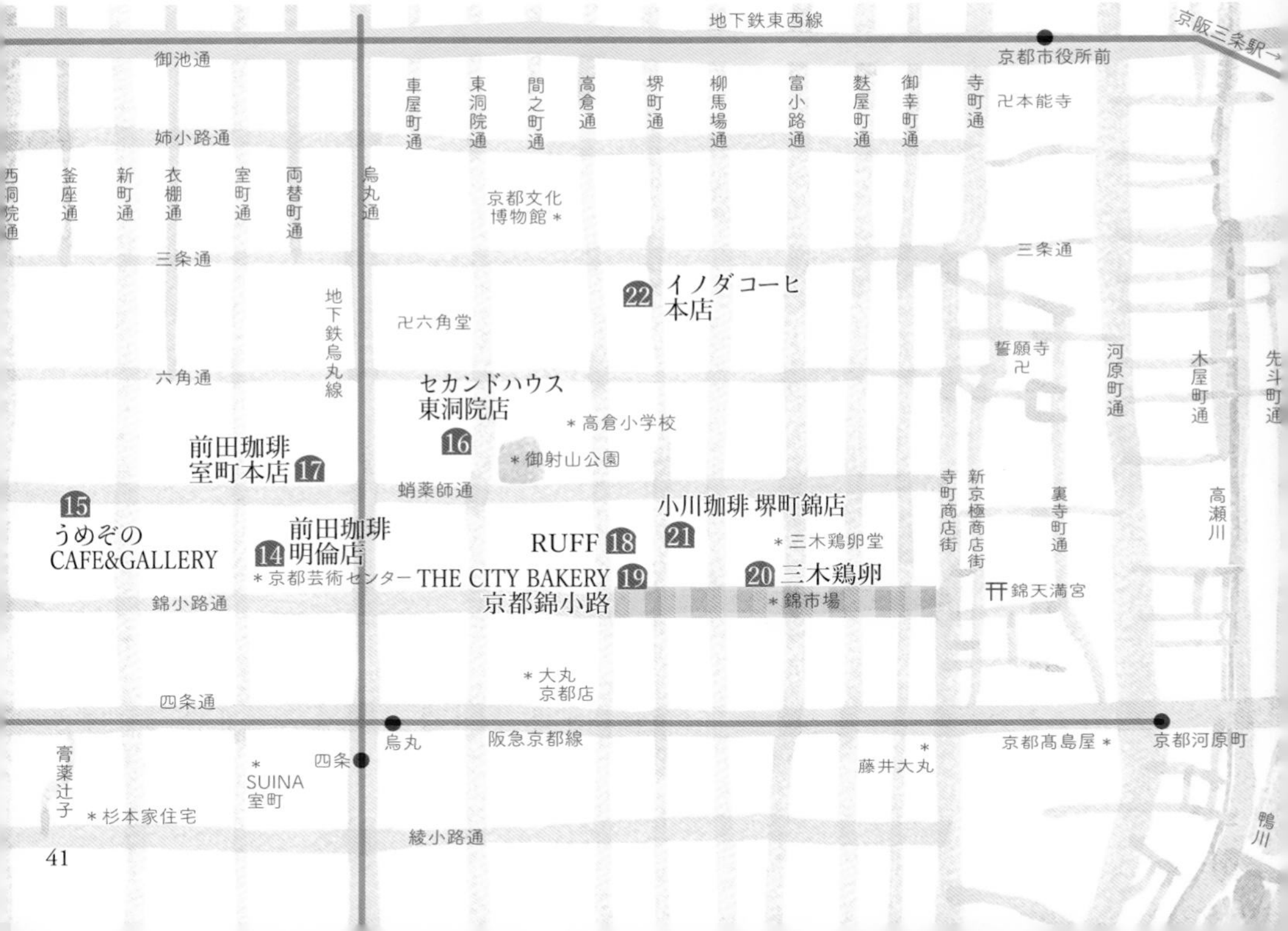

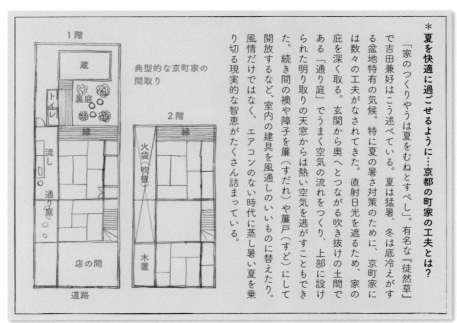

前田珈琲 明倫店
（京都芸術センター内）

元小学校のアート施設に併設された老舗珈琲店のメニューが教室で楽しめる

京都の町衆がつくった元明倫小学校。「前田珈琲明倫店」は、この建物が京都芸術センターとして生まれ変わった時、1階教室に入店。2021年には20周年を記念して、店舗キッチンが「tower (KITCHEN)」という彫刻作品に生まれ変わった。校門をくぐり、油敷きの床に懐かしい記憶をたどりながら教室へ。ノスタルジックな空間にアーティスティックな仕掛けがプラスされ、アート施設のカフェらしい独自の雰囲気に。明倫店限定のアイスコーヒーグラスやパニーニなどのメニュー開発にもこだわっている。そのほか、正統派のサンドイッチやカスクートサンド、鰹出汁と西京味噌を使用した人気の「赤味噌ハヤシライス」など、いつもの前田珈琲のメニューも変わらず残っている。定番のブレンドコーヒーも4種類。寛ぎに、刺激を受けに、明倫店へどうぞ。

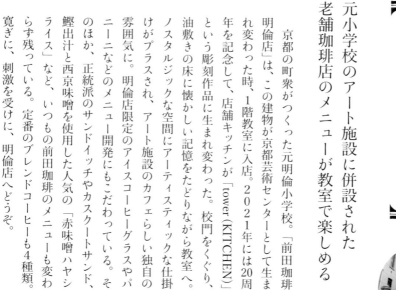

14

MAEDA COFFEE
MEIRIN

カフェのキッチンが現代アートに！？ 店内中央にキッチンを配置、周囲に巡らせた壁には遊び心をくすぐるユニークな仕掛けが。ボールや蛇口など小学校を思い出す小道具も。

元教室の内装も活かしながら、店内を大胆にリミックス。昔といまが共存＆融合する空間は、まさにアート。

廊下の窓から覗かせる、なにやら不思議な映像も、わたしたちを非日常へと誘い込ませるアートな演出だ。

シンプルなのに、味はしっかり。ボリューム感たっぷりの「ふわふわ焼き玉子サンドウイッチ」は定番メニュー。

明倫店オリジナルの「スモークサーモンとクリームチーズのパニーニ」。黒胡椒がきいて、かりっと美味。

Address 京都市中京区室町通蛸薬師下る山伏山町546-2 京都芸術センター内 1F
Tel 075-221-2224
Open 10:00 〜 20:00
不定休（芸術センターの休館日に準ずる）

取っ手の部分に「伝票」「ショップカード」などのシールを貼って。明倫小学校時代の引き出しを、現在でも活用している。

うめその CAFE & GALLERY

ホットケーキを待つ間にギャラリー鑑賞 穏やかに過ごせる隠れ家風の甘みカフェ

烏丸通と堀川通の真ん中ほどにある、蛸薬師通沿いの町家。京都市内で6店舗を構える有名店「甘党茶屋梅園」が手がける、洋の雰囲気を取り入れたギャラリーカフェだ。「梅園」名物のみたらし団子はもちろん、この店舗限定のメニューも用意されている。お箸で食べられる「抹茶のホットケーキ」は、メレンゲからつくって鉄板でじっくり焼くのでオーダーから15分ほどかかるが、その間にアートギャラリーの展示を鑑賞しながら過ごせばあっという間。雑貨や食器、クラフトなど、生活に身近で購入しやすいものが多いのも楽しい。みたらし団子がお目当てのお客様だけでなく、ご近所さんがちょっとお茶しに寄ったり、お仕事中の人が休憩がてらにやって来たり。繁華街から少し離れているせいか、路地裏じゃないのに路地裏にあるような、ひっそりした雰囲気と穏やかさが心地よい。

15

UMEZONO
CAFE & GALLERY

お店のコンセプトは「和の中のモダン」。白い壁を照らすあたたかみのあるスポットライトと格子戸からの明るい光が、木の床やテーブルにやわらかな陰影を添えている。

陶器やクラフトなど、作家さんのギャラリーは数週間ごとに入れ替わるので、毎月訪れるのが楽しみになる。

「抹茶のホットケーキ」は、しっとりふわふわ。「梅園」自家製あんこと、店舗限定の黒糖バターをのせて。

トイレがある離れとの間には坪庭が。ステンドグラス風壁飾りなど、京都らしい風情が感じられるしつらえ。

卵液のほか、生クリームと黒蜜をフランスパン生地に染み込ませた「黒糖フレンチトースト」、きな粉がけ。

Address 京都市中京区不動町 180
Tel 075-241-0577
Open 11:30 〜 19:00 / 無休

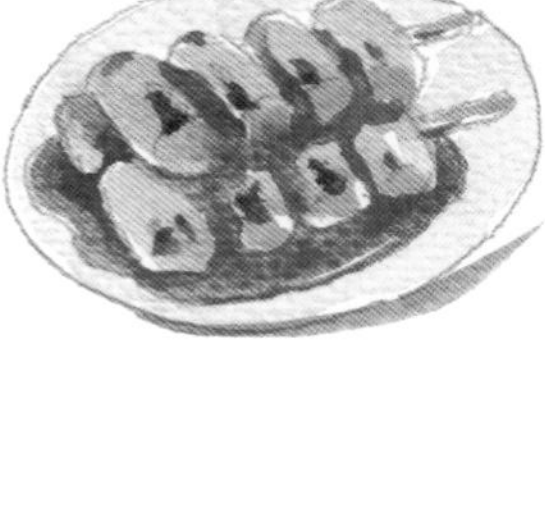

店内すべてのメニューは、みたらし団子3本とセットにできる。みたらし団子の焦げ目に、コクのあるお団子の焦げ目に、コクのある甘さのみたらし餡がよくからむ。

セカンドハウス東洞院店

繁華街なのに喧騒を忘れて寛げる公園前
ケーキやスパゲティセットを楽しんで

京都の中心・四条烏丸エリア。繁華街のオアシスになっている公園の前にあるのが、町家カフェの草分け的存在「セカンドハウス」東洞院店。もともとスパゲティとケーキが自慢の「セカンドハウス」だが、ここ東洞院店はオリジナルのピザや、トーストなどほかの5店にないメニューも提供している。また、シーズンメニューは京都産の野菜をメインにしたヘルシーさと優しい味つけで、女性客に人気なのも納得。独創的な和洋スパゲティ、国産小麦で自然な甘みのケーキ、他にはないタイプのキッシュパイなど、どのメニューも種類の豊富さやたっぷりの具、そして気取らない手づくり感が魅力。ランチなど混雑する時間帯もあるが、ひとり客でも自由に席を選ばせてくれる気配りも嬉しい。創業時からの「〝街中の喧騒を忘れてくつろげる場所〟を提供したい」という想いが生きている。

16

SECONDHOUSE HIGASHINOTOIN

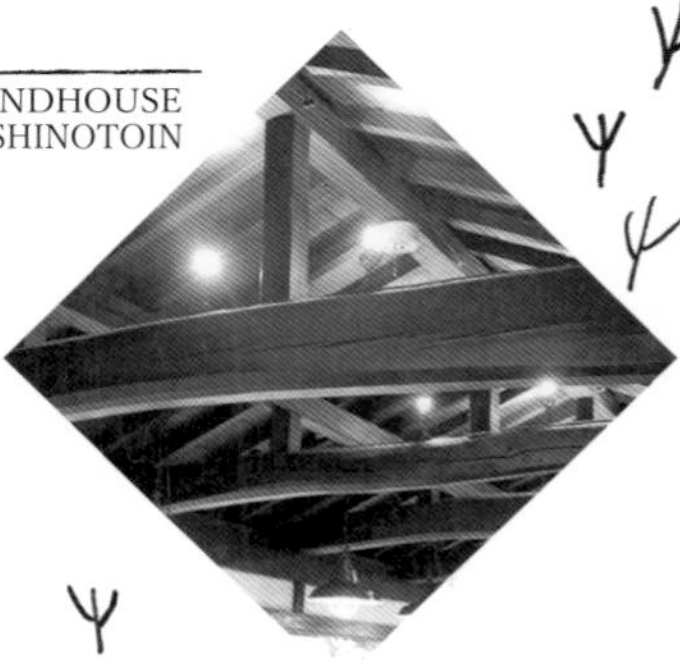

パノラマウィンドウの向こうは御射山公園。春は桜、秋は紅葉…季節ごとに移り替わる、絵のような眺め。

町内で一軒のみ残っている京町家、1905年築の旧河合邸を再生。重厚感のある外観、凛とした店内の風情が見事だ。1階はケーキの販売とカフェ、2階はカフェレストランに。

とろけるモッツァレラチーズと具がたっぷりの「生ハムと野菜の菜園風ピザ」など、フードの種類も豊富だ。

パイ生地に具材とチーズを乗せて焼いた、オリジナルの「キッシュパイ」。2サイズあって、テイクアウトもOK。

「たらこ&チーズトースト」は、さくっとしたトーストにこんがりチーズとたらこの旨味がたまらない。

Address 京都市中京区東洞院通六角下る御射山町283 2階
Tel 075-241-2323（2階）
Open 11:00～22:00（LOフード・喫茶とも21:30）

「イタリアンパスタ」にこだわらない、40種類のスパゲティが自慢。セットには、サラダとライ麦パンがつく。

前田珈琲 室町本店

室町エリア、街と歩み続けて40年以上 地元に愛されてきた老舗珈琲店の本店

烏丸蛸薬師・橋弁慶町。祇園祭の時期には、後祭の橋弁慶山が店の斜め前に立つ。元は呉服屋だった建物が昭和56年に室町本店になって以来、通ってくれる常連さんも。特にモーニングは地元客が多く、トースト具合やジャムの有無など、スタッフは自然にお客様それぞれの好みを覚えていて、さり気なく提供しているそう。また100席のキャパだけに、喫煙と禁煙のスペースがしっかり分離されているので、どちら派も寛げるのが嬉しい。店頭のケーキなどを、手みやげに買っていくビジネスマンも。京都の人に愛され、40年以上ごく当たり前にそこにある。それがどれだけ大切なことか、お客様が思い思いに過ごす姿が教えてくれる。ちなみに、オリジナルの自家焙煎コーヒー「牛若丸」と「弁慶」は、橋弁慶山の御神体からいただいた名前というのも素敵だ。

17

MAEDA COFFEE
MUROMACHI

奥行のある店内にはソファ席やテーブル席、一段上がった奥の席…それぞれに違った壁紙や絵画がお出迎え。

店内に入った途端にコーヒーの芳香が漂うのは、入口すぐのブースに、ドイツ・プロバット社の直火式焙煎機が設置されているから。美味しいコーヒー&ブレッドのひと時を。

イギリスパンにベーコンオムレツ、サラダにジュースがついた「スペシャルモーニング」は揺るがない人気。

喫茶店といえばこれ！「昔ながらのチーズトースト」、濃厚なとろとろチーズがたまらない。焦げ目も絶妙。

厚切りハムとチーズを挟み、ブラックペッパーがアクセントの「カスクートサンド」。外はカリカリ中はもちっ。

Address 京都市中京区蛸薬師通烏丸西入る
橋弁慶町 236
Tel 075-255-2588
Open 7:00 ～ 18:00 (LO 17:30) / 無休

この「龍吐水」は、明治時代に寺町五条のポンプ商から購入し、消火に使われたもの。町内結束の証として、店内に設置されている。

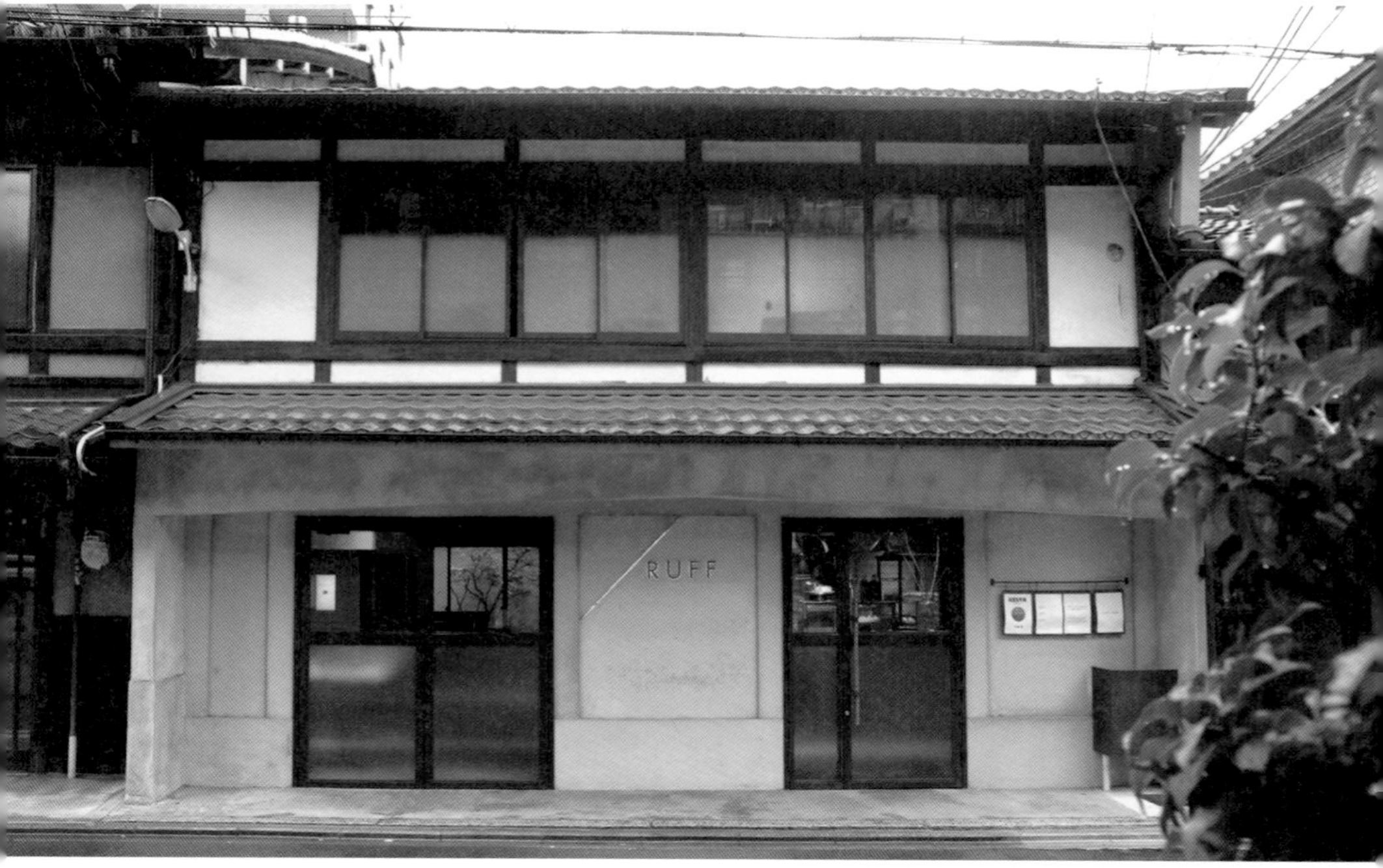

RUFF（ルフ）

料理を美味しく食べるためのパンが魅力
ボリュームランチや自家焙煎コーヒーも

大丸京都店のすぐ北側、高倉通沿いにあるスタイリッシュな町家が、パン工房を備えたベーカリーレストラン「RUFF」。ショーケースのパンだけでも魅力的だが、もうひとつの人気は充実した洋食屋レベルのフードメニュー。メインが黒毛和牛のハンバーグ・有頭エビフライ・ポキライスという豪華な「RUFFセット」は、大好評のランチプレート。そのほかのセットも肉系・魚系とバリエーション豊富で、サラダとドリンク、パンの盛り合わせがついてくるから、なんともボリューミーだ。自家製パンのサンドイッチ、季節のケーキやプリン、ヴィーガンメニューも提供していて、開店から閉店までいつでもどんな方でも美味しい食事ができるのが嬉しい。アクセス抜群の立地だけに観光客で賑わっているが、いつものパンを買う地元の常連さんにも親しまれている。

18
RUFF

京町家ながら、ヨーロッパのベーカリーを彷彿とさせるモダンな雰囲気。1階のショーケースにはパンがずらり。

2階にゆったりとレイアウトされた客席は、東西に窓があって明るく心地よい。磨りガラス越しの光が鏡に反射して、艶やかな黒の木板と漆喰の壁とのコントラストが際立つ。

「ブレッドセット」。ほどよい甘みのクロワッサンは、サイドの卵やスモークサーモンと一緒に食べても合う。

店頭に並ぶパンは約30種類。おかずパンのラインナップは日替わりで、具材は国産の旬のものを使用している。

「タマゴサンド」、生ハムにペコリーノチーズ入り。食パン生地にイカスミを練りこんだオリジナルバンズで。

Address 京都市中京区高倉通錦小路上る貝屋町564
Tel 075-746-2883
Open 11:00 ～ 18:00 / 不定休

定番の角食パンや、カンパーニュなどがショーケースに並ぶ。食事の後にパンを買って帰ったり、買ったパンをイートインする方も多い。

THE CITY BAKERY 京都錦小路

400年以上、地元に根づく錦市場の中 中庭や蔵を改装した客席のある錦店

NY発祥、日本でも人気のベーカリーカフェ「THE CITY BAKERY」が、パンの街・京都の3店舗めとして手掛けるのがこの京都錦小路。「京の台所」と称される錦市場の中に２０２２年7月に誕生。錦市場の賑やかさから一気に京町家の風情を味わえるカフェとして、観光や買い物途中の休憩にと立ち寄る人が多い。定番の「プレッツェルクロワッサン」は、甘みのある生地に岩塩とゴマがかかって、ザックザクな食感が抜群に美味。ピザのバリエーションも多く、京都&NYのコラボ・九条ネギをたっぷり使った「プルドチキン九条」も好評だ。木の風合いを活かしたモダンな店内は、奥のスペースに行くとまた隠れ家的な雰囲気で過ごせる。別の店舗と用途や気分によって使い分けができるのもよい。モーニングからコーヒータイムまで、ぜひ素敵なひと時を。

19

THE CITY BAKERY
KYOTO NISHIKIKOJI

大正元年から代々続いていた和菓子屋の店舗を受け継いで、壁や梁、天井をそのまま活かした趣ある内装に。

店内の一番奥には、風格ある蔵を改装したモダンな客席が。こじんまりした空間だが天井が高く、ガラス張りの引戸を配して中庭との一体感を高めている。歴史の息吹を感じて。

イートイン&テイクアウト両方OKの「ベーカーズピザ」。バリエーションが多くて、どれも食べてみたくなる。

自慢の「プレッツェルクロワッサン」はじめ、クッキーやラスク、ショートブレッドなど、おみやげにも最適。

奥へと進むと、心地よい水音が流れる中庭のテラス席が広がる。さらにその奥に蔵という京都特有の造り。

Address 京都市中京区錦小路通高倉東入る
中魚屋町 502
Tel 075-211-7055
Open 8:00 〜 18:00 / 無休

パンのお供のドリンクは、
定番のコーヒー以外に、
クッキーシェイクやスムージーも
おすすめ。単品オーダーも大歓迎だ。

三木鶏卵

錦市場の老舗だし巻玉子専門店がつくる卵を使った黄味餡ぱんやお菓子の数々

「京の台所」として地元に親しまれ、観光客で賑わう錦市場。数々のお店が連なるアーケードのほぼ中央に本店を構えるのが、昭和3年創業のだし巻玉子専門店「三木鶏卵」。秘伝の出汁と伝統の職人技で焼き上げるだし巻は、はんなり優しい京の味だ。ここにパンがあるとは意外だが、ぷるぷる大きなだし巻きが並ぶ店頭に陳列されているので要チェック。「だし巻きサンド」は、地元の人たちからの要望で誕生したメニュー。だし巻もパンもやわらかく、自然にいっしょに口の中で溶けるほど。さらに卵の美味しさを伝えるべく、3種の卵をブレンドした「黄味餡ぱん」、プリンや焼菓子などを次々と開発。そして、徒歩1分の富小路沿いにパンとお菓子の専門店「三木鶏卵堂」もかわいい外観でオープンした。卵を知り尽くした卵屋さんの新たな挑戦は続く。

優しい甘さのまん丸バンズに、だし巻を挟んだシンプルな「だし巻きサンド maru」。店頭でなかなかの存在感。

三本の大鍋を同時に使い、職人が一本一本手焼きする。錦の井戸水に利尻昆布をふんだんに使い、厳選したうるめ節・宗田鰹などを加えたこだわりの出汁が美味しさの秘訣。

う巻や九条ネギ巻なども。風味や食材とのバランスを考えて、平飼い有精卵をはじめ、複数の卵を使用する。

卵黄と白こし餡を練り合わせて包み込んだ「小玉黄味餡パン」は、卵黄の風味がしっかり香って甘さ控えめ。

風味豊かな「だし巻きサンド」には、ディジョンマスタード、マヨネーズ、蜂蜜のまろやかなソースをあわせて。

Address 京都市中京区錦小路通富小路西入る
東魚屋町 182
Tel 075-221-1585
Open 9:00 〜 17:00 / 年始休

平飼い有精卵のみを使用した
「カスタードクリームぱん」。
さくっとした生地の中に、ぷるんと卵感
あふれる黄色が鮮やかなクリームを。

小川珈琲 堺町錦店

100年先も続く店、飽きのこない味を目指し エシカルなコーヒーの美味しさを届ける

京都・洛中。数々の飲食店がひしめくエリアに「小川珈琲 堺町錦店」は2022年2月にオープン。創業の地、そして錦市場に近い築百年超えの町家を選び、「100年先も続く店」をコンセプトに、一杯のコーヒーからサステナブルな活動を届ける一歩を踏み出した。バリスタがネルドリップで丁寧に淹れる、生産者や環境に配慮した8種類のエシカルコーヒー。毎朝店舗内の工房で焼き上げる食パンをはじめ、季節のフルーツサンド、地元の旬の食材を使ったランチメニューも充実している。そして、地域の人々はもちろん、京都を訪れる人々もたずねてほしいという想いから、時間帯に合わせた豊富なメニューを展開。気取らず美味しいコーヒーを飲める街の喫茶店として、創業から約70年。コーヒーを通じて、地域の人や京都を訪れるすべての人々との新たな交流をこの地で育んでいく。

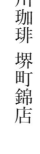

OGAWA COFFEE
SAKAIMACHINISHIKI

扉を開ければスタイリッシュなカウンター。内装やマシン類をモノトーンで統一したシックな空間が広がる。

店舗奥・坪庭のボタニカルアレンジメント。山に見立てた岩の上には苔や約30種類の植物が植えられていて、四季折々の姿が楽しめる。

天井の梁など町家の要素を残しながら、現代風のエッセンスを取り入れた。光と影のコントラストが美しい。

キャラメリゼしたパンの外はカリカリ、中はとろとろ。優しい甘さが口に広がる人気の「フレンチトースト」。

モーニングは、炭焼きトーストに糀バター。パンは京都産小麦食パンか、全粒粉食パンの2種類から選べる。

京都らしい食材を使った「九条ねぎとしらすの玉子サンドイッチ」など、テイクアウト可能なメニューもある。

Address 京都市中京区堺町通錦小路上る菊屋町519-1
Tel 075-748-1699
Open 7:00 ～ 20:00 (LO 19:30) / 無休

イノダコーヒ 本店

まるでホテルのような「京の朝食」に人気ブレンド「アラビアの真珠」を

堺町三条下る。3つの異なる建物が連なって佇む「イノダコーヒ」本店。本館は町家風の外観だが、中に入れば伸びやかな吹き抜けが広がり、まるでホテルのロビーのよう。ひとりで静かに過ごしたい時は、サンルーム風の旧館がおすすめだ。本館2階やガーデン席など、その日の気分で選びたい。早朝7時からオープンしているのも本店の魅力で、「京都の朝はイノダから」と言われる「京の朝食」は本店限定のモーニング。メインは、ドイツのハム職人の伝統製法を受け継ぐボンレスハム。肉の味がしっかりする、茅ヶ崎の工房への特別オーダー品だ。ふわふわ卵やサラダなど、ボリューム満点でバランスのよいプレートを食べ終わったら、食後のコーヒーを。創業時からの看板コーヒー「アラビアの真珠」はモカベースで、ミルクと砂糖を入れて飲むのがイノダ流。京都の名喫茶の真髄を味わって。

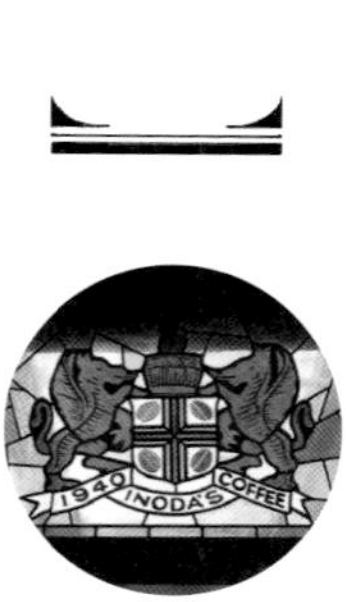

本館の横に建つ、創業時の店舗を復元した旧館、メモリアル館でも、本館同様、喫茶・飲食を楽しめる（禁煙）。

クラシカルなレンガの通路を通って、緑あふれる中庭へ。意外と気づきにくいが、噴水もあるのでお見逃しなく。ガーデン席で、流れる水音を聞きながらの朝食は癒される…。

部屋によって異なる雰囲気のインテリアや世界観、レトロな調度品も楽しみのひとつだ。

香ばしいクロワッサンも、モーニング専用の特注品。オレンジジュースのほか、コーヒー or 紅茶がつく。

「ビーフカツサンド」の衣はさくさくで、やわらかい赤身肉はほどよい味つけ。弾力のあるベーコンと。

メモリアル館では、創業者が集めたというアンティークなインテリアや調度品に目が釘づけ。

Address 京都市中京区堺町通り三条下る道祐町140
Tel 075-221-0507
Open 7:00 ～ 18:00（LO 17:30）/ 無休
Parking 有り

二条城界隈

平安宮と聚楽第がオーバーラップする歴史ゾーン

二条城は、徳川家康が上洛時の宿泊地として築城し、15代将軍・慶喜が大政奉還を行った、江戸幕府と深い関わりのある平城だ。敷地の西側は、平安時代に造営された平安宮の一角に当たる。

平安宮とは平安京の宮城のことで、儀式などを行う殿舎、行政施設や天皇の居住する内裏などが設けられていた。現在の千本通は、平安京のメインストリート・朱雀大路に当たり、JR二条駅のすぐ北側に宮城門である「朱雀門」があった。東は大宮通、西は御前通、北は一条通あたりまでがおおまかな平安宮の範囲だが、戦国時代末期に豊臣秀吉が金箔瓦が輝く政庁兼邸宅である聚楽第を建設した場所とも重なる、かつての都の中枢エリア。由緒を伝える石標や案内板が道のあちこちに設置されているので、タイムリープ気分で散策できるだろう。そのほか、京都アスニーには、平安京の模型などの展示や資料が充実している。

ちなみに、現在の京都の密集した街並みは、秀吉が荒れ果てた京都を再開発し、街区の中心に小路をつくるなどの新しい町割りをしたのが発端だ。

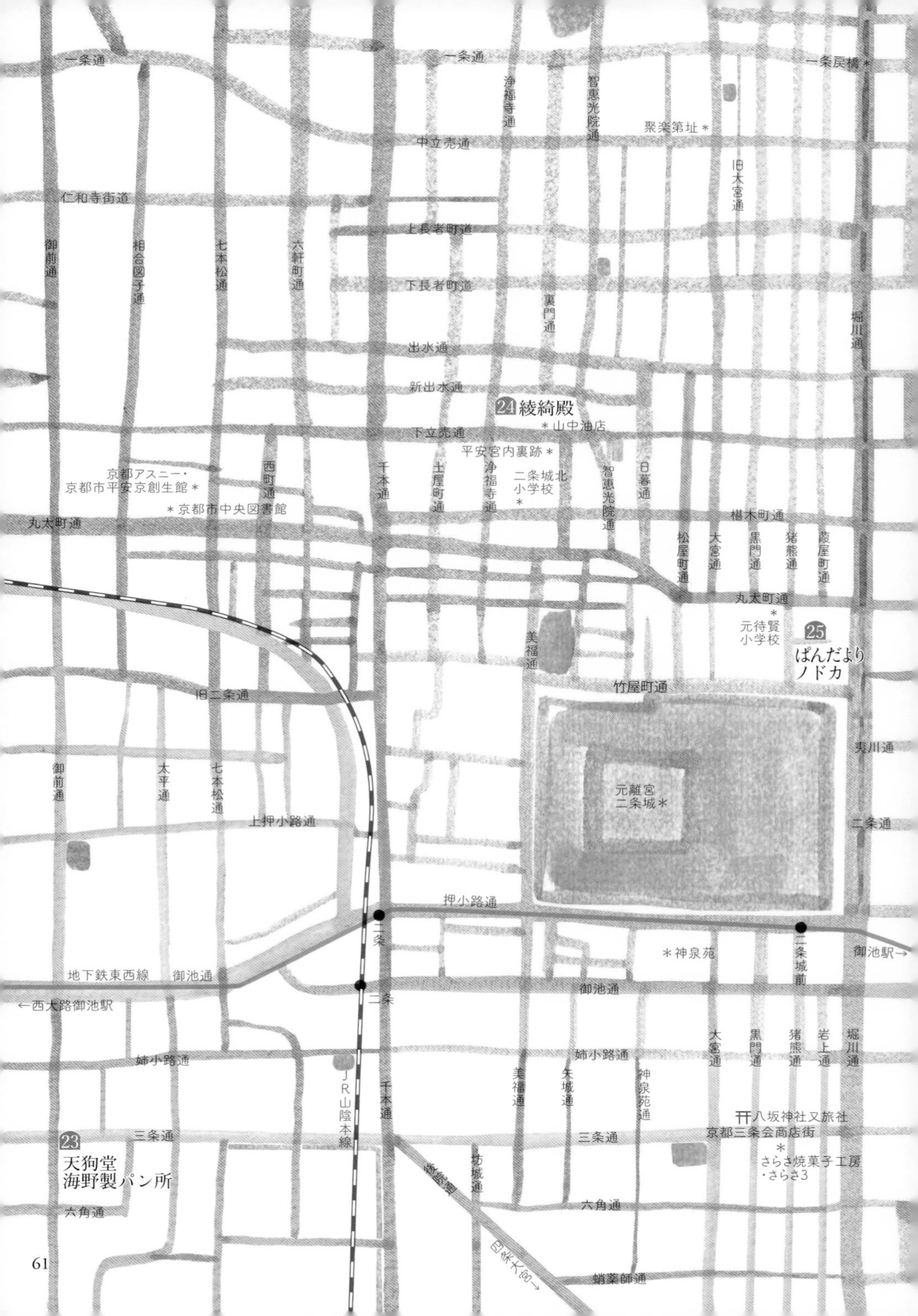
一条通
一条通
一条戻橋＊
浄福寺通
智恵光院通
聚楽第址＊
中立売通
旧大宮通
仁和寺街道
上長者町通
御前通
相合図子通
七本松通
六軒町通
下長者町通
裏門通
堀川通
出水通
新出水通
24 綾綺殿
＊山中油店
下立売通
平安宮内裏跡＊
西町通
千本通
土屋町通
浄福寺通
二条城北小学校＊
智恵光院通
日暮通
京都アスニー・京都市平安京創生館＊
＊京都市中央図書館
丸太町通
椹木町通
松屋町通
大宮通
黒門通
猪熊通
葭屋町通
丸太町通
＊元待賢小学校
25 ぱんだより ノドカ
美福通
竹屋町通
旧二条通
夷川通
御前通
太平通
七本松通
元離宮二条城＊
二条通
上押小路通
押小路通
二条
二条城前
＊神泉苑
御池駅→
地下鉄東西線
御池通
二条
御池通
←西大路御池駅
大宮通
黒門通
猪熊通
岩上通
堀川通
姉小路通
姉小路通
JR山陰本線
千本通
美福通
矢城通
神泉苑通
八坂神社又旅社
三条通
三条通
京都三条会商店街
23 天狗堂 海野製パン所
坊城通
後院通
＊さらさ焼菓子工房・さらさ3
六角通
六角通
四条大宮→
蛸薬師通

天狗堂 海野製パン所

創業百周年、大正時代から変わらない昔ながらの対面販売の風景がここにある

JR二条駅から三条通を歩いて数分、御前通との交差点角に、大正11年に誕生した「天狗堂 海野製パン所」がある。創業当初はあんパン、ジャムパンなど5種類から始まり、いまでは約60種類に。食事パンやおやつパン、総菜パンと、素朴で庶民的ながら、ひと手間かけたパンたちをつくっている。例えば、すぐに売り切れるという「ぶどうパン」は、レーズンをラム酒に漬けて1カ月寝かせるとか。生地にもラム酒を練り込み、レーズンをふんだんに入れるので風味は絶品。小さい頃から通っているおばあさん。子どもの頃は母に連れられ、今では自分が母になって買いに来ているという親子連れなど、何代にも渡る常連さんたちに愛され続け、地元の日常を支えてきた「当たり前にそこにある」町のパン屋さん。次の百年にも残っていてほしい風景だ。

23
TENGUDO BAKERY

まるで博物館のよう。工場の中の昔の機械たちは、いまでも現役で活躍しているものもあるというから驚き。

昔ながらの製造直売、店内奥にある製造工場からすぐに店頭のショーケースへ。そしてお客様の笑顔とコミュニケーションを大切にした、対面販売式を続けている。

発酵バターを巻き込んだリングのような形の「天狗堂ロール」は、シンプルで風味のよい食事パンタイプ。

口どけのよい「チョコホーン」。注文が入ってから、コルネ型パンに自家製チョコクリームを詰めてくれる。

柔らかい生地のベーコンエピはめずらしい。幼児からお年寄りまで、さくさく美味しく食べられるのがいい。

Address 京都市中京区壬生中川町 9
Tel 075-841-9883
parking 7:00 ～ 20:00 / 日・月曜休

明治生まれの創業者・海野忠吉氏が第二次世界大戦前に考案し、特許も取ったパン焼き器。令和のいまも初代の志を伝えてくれる。

【綾綺殿】

自然塗装を使って改修した築百年の町家
油屋が営む、歴史的スポットのカフェ

千年の古都・京都でも、町家ショップ&カフェ「綾綺殿」のある場所は平安宮跡、天皇の居所だった内裏の一角。入り口前に石標と案内板があり、平安時代や源氏物語のファンは散策の折りに訪れてほしいお店である。土地自体も古いが、建物も築百年の町家を紅殻や柿渋を使って改修しており、歴史の息吹が体感できる。そして、江戸時代から続く「山中油店」が営んでいるだけに、唐揚げやミックスフライ定食をはじめ、高品質の油を使った揚げ物メニューが大充実。カツサンドや揚げフレンチトーストなどのパンメニュー、スイーツに至るまで、さまざまな油の美味しさを堪能できる。例えば「すごい！バニラアイス」。なんと好みのオイルをシロップのようにアイスにかけて、食べ比べができるのだ。歴史・建築・グルメの三拍子を、ぜひゆっくり楽しんでほしい。

元はお米屋さんだった町家を、化学物質を一切使用せずに改修。木と土の優しい空間に芳しい油の香りが漂うカフェだ。ショップには「山中油店」の人気商品がずらりと並ぶ。

ゆったりと腰掛けられるテーブル席のそば、大きなガラス戸からは、五右衛門風呂のある中庭が一望できる。

やみつき必至。名物デザートは、一番絞りの良質な油を使った「揚げフレンチトースト」、バニラアイス添え。

店名は、ここにあった舞や宴が行われていた殿舎「綾綺殿」から。平安時代の王朝絵巻に思いを馳せて…。

本日の揚げ油は何？ 風味豊かな「山形豚のロースカツサンド」、色鮮やかな野菜もたっぷりで嬉しい。

Address	京都市上京区浄福寺通下立売上る丸屋町 520-5
Tel	075-801-3125
Open	11:00 ～ 16:00（最終入店 15:00） 水曜休
Parking	有り

お米屋さんの時代に使われていた「おくどさん」もそのままに。当時の風情をしみじみ感じることができる。

ぱんだよりノドカ

二条城近く、路地奥にある和みパン屋
毎日丁寧に焼き上げる優しく素朴なパン

二条城の北エリア、かわいいパンダの看板が目印。「えっ、こんなところに?」ふと通り過ぎてしまいそうな住宅街の路地奥にある、小さな町家のパン屋さんだ。元々は御所西でスタートしたが、2017年秋にこの地へ移転。以前からのファン、新しく訪れる方など客層も幅広い。体にいいものをと国産小麦を使用し、保存料などの添加物は一切使わない。天然酵母とイーストをパンの種類によって使い分ける。同じ生地でも形やフィリングによって味わいも風味も異なっていて、あれこれ食べてみるのが楽しいパン揃い。おすすめは天然酵母の食パンで、角食パンはもちっとしっとり、山型食パンはパリサク。小ぶりなサイズで、毎日食べても飽きのこない優しい味だ。週に1度の通販では、南東北から九州まで、焼き立ての各種「ぱんだより」を届けている。

25

pandayorinodoka

国産小麦に極少量の酵母を使い、低温でじっくりゆっくり発酵させたパンなど、どれも素朴な味わい。プレーンタイプから、食事にもおやつにもなパン、ハードなパンなど…。

こじんまりした店内は、2名入れば満員に。そこに所狭しと並んでいるパンたち、何を選ぶか迷いに迷う！

バジルの香りと、とろーり溶け込んだチーズの風味が食欲をそそるバジリコチーズはフランスパン生地。

上はフランスパン生地のあんバタに、葉とらず栽培のりんごジャムパン。下は、包みピザ風のカルツォーネ。

シンプルな材料でつくった食パンは、当店人気 No.1。トーストにしても、サンドやフレンチトーストでも美味。

Address 京都市上京区猪熊通丸太町下る中之町519-31
Tel 075-823-3382
Open 火曜：予約販売のみ
水～金曜 10:00 ～13:00、15:00 ～18:00
土曜 10:00 ～16:00 / 日・月曜休

店内のあちこちに、店主の奥様作・パンダの「ノドカちゃん」が。なんともキュートで、手ぬぐいなどのオリジナルグッズも素敵。

京都御苑界隈

緑あふれるセントラルパークゾーンへようこそ

広大な緑のオアシスとして、市民の憩いの場になっている京都御苑。もとは京都御所に天皇がお住まいになり政事を行っていた、いわば都の中心地。江戸時代末期には、御所を囲むように公家屋敷街が形成されていた。京都では北へ行くことを上る、南へ行くことを下ると言うが、御所を基準にしているという説がある。その由緒ある数々の建物や庭園は、現在事前申し込み不要で通年公開されているので、ぜひ一度は見学を。

いわば京都のセントラルパークである緑豊かなこのエリアは、パークサイドの穏やかな住宅街の間にギャラリーやカフェなどの洗練されたお店が点在し、歴史や文化の重みを感じられる建物も多い。高級感のある「御所南」、京都御苑と鴨川に挟まれた「御所東」、さらに最近次々に新店がオープンしている「御所西」も注目をあびている。繁華街とはまた違う、落ち着いた雰囲気を味わいながら散策したい。そして、もし鴨川の河川敷でひと休みしながら買ったパンを食べようとしているのなら、頭上のトンビには必ず注意して！

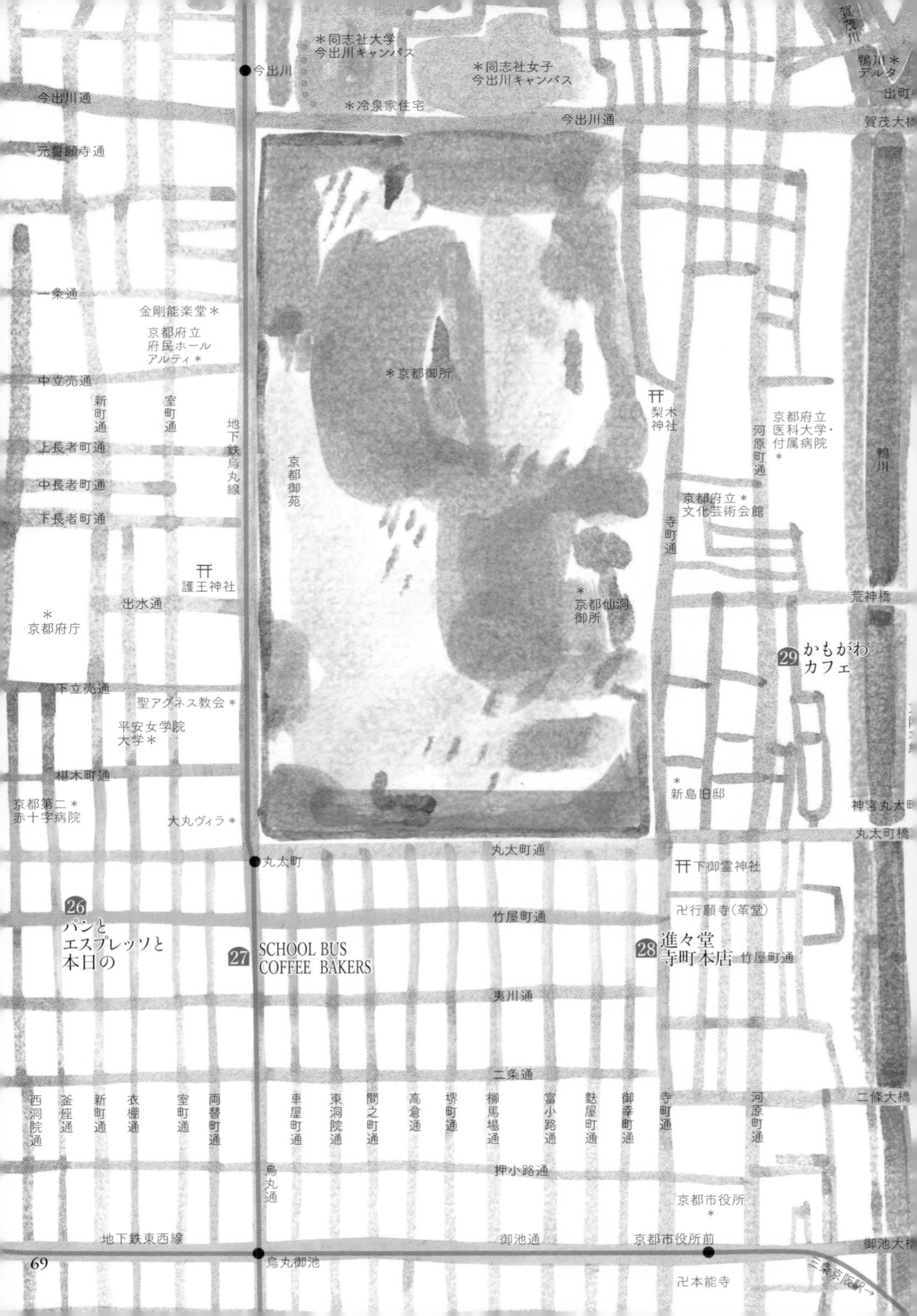
＊同志社大学
今出川キャンパス
＊同志社女子
今出川キャンパス
＊冷泉家住宅
今出川
今出川通
今出川通
賀茂川
鴨川＊
デルタ
出町
賀茂大橋
元誓願寺通
一条通
金剛能楽堂＊
京都府立
府民ホール
アルティ＊
中立売通
新町通
室町通
地下鉄烏丸線
上長者町通
中長者町通
下長者町通
護王神社
出水通
＊
京都府庁
下立売通
聖アグネス教会＊
平安女学院
大学＊
椹木町通
京都第二＊
赤十字病院
大丸ヴィラ＊
京都御苑
＊京都御所
＊
京都仙洞
御所
梨木
神社
河原町通
京都府立
医科大学・
付属病院
＊
鴨川
京都府立＊
文化芸術会館
寺町通
荒神橋
29 かもがわ
カフェ
＊
新島旧邸
神宮丸太町
丸太町橋
丸太町
丸太町通
下御霊神社
卍行願寺（革堂）
26
パンと
エスプレッソと
本日の
竹屋町通
27 SCHOOL BUS
COFFEE BAKERS
28 進々堂
寺町本店
竹屋町通
夷川通
二条通
二條大橋
西洞院通
釜座通
新町通
衣棚通
室町通
両替町通
車屋町通
東洞院通
間之町通
高倉通
堺町通
柳馬場通
富小路通
麩屋町通
御幸町通
寺町通
河原町通
烏丸通
押小路通
京都市役所
＊
地下鉄東西線
御池通
京都市役所前
御池大橋
烏丸御池
卍本能寺
三条京阪駅→

パンとエスプレッソと本日の

土地ごとの店&味づくりにこだわった スタイリッシュなベーカリーカフェ

東京・表参道で人気を博しているベーカリーカフェ「パンとエスプレッソと」。その京都3店舗めの直営店が、丸太町エリアにある「パンとエスプレッソと本日の」だ。町家をリノベーションした店内は、手前が約30種ものパンを販売するショップ、奥が様々な趣が楽しめるカフェになっている。「外はかりっと・中はもちっと」という日本人好みの食感をベースに、土地ごとに求められる商品の違いにも対応。例えば、イートインで好評の牛カツサンドは、柔らかいテンダーロインという希少部位を使うため、肉厚の揚げたてカツがいっしょに噛み切れるふわふわの専用パンを焼く。ホットドックには全粒粉を使い、もちもちで香ばしい。セットの自家製スープ、デリも旬の食材にこだわり、何度来ても飽きさせない。オリジナル食パンを購入する常連も多く、京都の日常の味を彩っている。

離れには、グループで団欒のひと時を過ごせる座敷の間が。子ども連れでも落ち着けるのが嬉しい空間だ。

高い吹き抜けの下は、ゆったり座れる開放的なカウンター席。そのほか井戸を改装した席や縁側席も。植栽をあしらった中庭からは季節を感じられ、店全体の憩いのスペースに。

幻の蜂蜜・レザーウッドハニーを使用、ハニーバターたっぷりの「幻のハニートースト」。テイクアウトで人気。

「果実の抹茶ラテ」は、八十八良葉舎の抹茶と自家製の果実シロップをブレンド。味わいも見た目にも風味豊か。

イートインの定番メニュは「大山ソーセージのホットドッグ」。グリルサンドやバーガーのセットプレートも。

Address 京都市中京区指物屋町 371
Tel 075-746-2995
Open 9:00 ～ 18:00（LO 17:00）/ 不定休

「あん食バタートースト」など、モーニングメニューは4種類。セットドリンクは国産ジュースや、プラスオンで抹茶ラテやアルコールも選べる。

SCHOOL BUS COFFEE BAKERS
（スクールバスコーヒーベーカーズ）

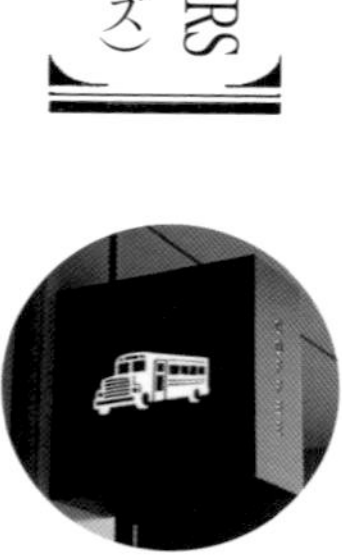

コーヒーにもパンにも全力でこだわって お客様に選んでもらえるお店づくりを

「スクバ」の愛称でコーヒーファンに親しまれている「SCHOOL BUS COFFEE STOP」。京都2店舗めは、初めてのベーカリー併設のカフェになった。お店のイメージモチーフそのまま、かわいいスクールバスの形のオリジナル食パンは、焼きあがったらすぐ売り切れてしまうほど。そのバス食パンのモーニングプレートは1日限定15食なので、ぜひ早起きして訪れたい。また「本格的なコーヒーに合うパンを」との想いから、所狭しと並ぶパンのバリエーションは実に圧巻。ボリューム満点のバーガーや、おやつタイムにはラテにマラサダをチョイスしたり。母体がリノベーションを主とした会社だけに、スタイリッシュな店内。それでいてフレンドリーなサービス。空間にもコーヒーにもパンにも全力投球した結果、ビジネスマンからご近所さんまで、様々な人が訪れ憩う街の新スポットになっている。

27

SCHOOL BUS COFFEE BAKERS

国産小麦を使ったこだわりのオリジナル食パンは、バスの形のままカットして味わいたい。ほかのパンにも目移りして、つい食べきれないほどトレイに選んでしまう…。

ウッディでアメリカンスタイル。カウンターやゆったりソファ、扉で仕切られたブースなどその時の気分で。

定番人気のモーニングプレート。香ばしくふわふわのトーストに、サラダ・エッグ・ソーセージの充実ぶり。

ブラックペッパークリームチーズがたっぷり塗られたベーグルは、そのままでも具材をのせて食べても美味。

パンオレ生地のさくっとしたバンズに、黒胡椒の効いた粗挽きパティと分厚いベーコンをがっつり挟んで。

Address 京都市中京区少将井町 240 ハイアットプレイス京都 1 階
Tel 075-585-5583
Open 8:00～21:00（カフェのみ月8:00～19:00）
ベーカリー 月曜休

自慢のクロワッサンは、
フランス産バターをふんだんに使用。
ぽってり大きいフォルムで、
フワッフワのサックサク。

進々堂　寺町本店

大正2年からの創業者の思いを宿し、食事パンの美味しさを世の中に広める

御所南エリア、街路樹に彩られた寺町通に、京都を代表する老舗ベーカリーショップ「進々堂」の寺町店は佇んでいる。クラシカルな煉瓦のあしらいと広い間口が印象的な店構え。ショップだけではなく、カフェレストランやイートインまで営むのは、ここで気軽に食事パンを食べてみてほしいから。と言うのも「進々堂」が大事にしているのが、素朴だが滋味深い食事パンの美味しさを伝えること。例えば、〝雑穀生活〟シリーズは《ライ麦全粒粉とひまわりの種》など全3種を展開。雑穀のほどよい歯ごたえと、ミネラルや食物繊維などの豊富な栄養素が、食べる人の生活を美味しく健康的に支えてくれる。主食となるパンは、まさに生活の基盤。クリスチャンであった創業者の「パン造りを通して神と人とに奉仕する」という信念をいまでも受け継ぎ、パンのある心豊かな生活を実現し続けている。

28

BOULANGERIE SHINSHINDO TERAMACHI

ゆったりとパンを選べるショップから、イートインのほか豊富なメニューを楽しめる本格レストランまで。

ショップに併設されたイートインコーナーは、むかしパン工場だった建物を改装したもの。照明などのインテリアに、さりげなくパン工場らしさを漂わせる演出がなされている。

確かな味の発酵バターを使用した、風味豊かなクロワッサン。これを仕入れているレストランも数知れず

「"雑穀生活"のせのせプレート」は、3種の食パンと卵サラダやキャロットラペなど色々なデリの盛り合わせ。

意外な美味しさ！？「しば漬のカレーパン」や「すぐきのピロシキ」など、京都らしい新商品開発にも意欲的。

「フランス産小麦を使ったバゲットコンクール」で銀賞を受賞した、堅焼きの「レトロバゲット"1924"」は、創業者の思いを受け継ぐ逸品。

Address 京都市中京区寺町通竹屋町下る久遠院前町674
Tel 075-221-0215
Open ショップ7:30〜19:00、レストラン7:30〜18:00、イートイン7:30〜18:30（LO 18:00）／無休
parking 有り

かもがわカフェ

すべての世代の人が、すべての時間帯にゆっくり寛いでいられる隠れ家カフェ

京都・荒神口。京都御苑と鴨川の間のいわゆる「御所東」エリア、静かな住宅街の中にふと現れるのが「かもがわカフェ」だ。毎日SNSで発信される、中国茶付き「本日の日替わりランチ」の内容を楽しみに訪れる人も多いはず。営業は「ランチ」「おやつ」「夜」という3つの時間帯に分かれていて、それぞれ違うメニューが用意されている。意外なパンメニューは、ランチ終了後の「おやつ」タイムにオーダーできる、バゲットを使ったフレンチトースト。なんでもフランスでは、残ったバゲットをリメイクするのが普通だとか。週替わりのカレーやオムライスに混じって、サンドイッチも3種ある。昼下がりにハウスブレンドを飲みながら、読書して過ごす学生。ディナーとお酒を愉しむ、仕事帰りの大人たち。いつ来ても、誰もが居心地のよさを覚える不思議なゆるさが、根強い人気の理由なのだ。

29

Kamogawa Cafe

窓越しの風景は、緑がいっぱいの贅沢さ。窓ガラスにあしらわれたアクセントが、モンドリアンの絵画のよう。

元は木工職人の家具工場だったという建物の2階がカフェ。ブルーの窓枠やレトロな看板を目印にすれば、間違って通り過ぎない。目の前の通りの向こうには、鴨川が流れている。

狭めの階段を上がって2階へ。ロフトや壁面書架のある店内の意外な広さに驚いて。まず注文してから着席。

中煎りから濃厚な深煎りまで新鮮な自家焙煎コーヒーが用意されている。「今日のコーヒー」は黒板をどうぞ。

「おやつ」の時間帯のメニュー、バゲットのフレンチトースト。生クリームとキャラメルソースを添えて。

Address 京都市上京区西三本木通荒神口下る
上生洲町 229-1
Tel 075-211-4757
Open 月・火・金 12:00 ~ 22:00 (LO 21:00)、
水 12:00 ~ 18:00 (LO 17:00)、
土日12:00~23:00 (LO Food 21:00・Drink 22:00)
毎週木・第4水曜休 (変動有り)

店内にはアートなポスターやフライヤー類といっしょに、
かわいらしい鴨の人形が。
実は「鴨井優さん」という名前がついているらしい。

西陣〜紫野界隈

西陣織の街と茶道の街、カラーの違う街並み歩き

応仁の乱の時、西軍の陣が置かれたことからその名で呼ばれる西陣。絢爛豪華な西陣織を育んできた街であり、かつての中心地として栄えた浄福寺通界隈は、石畳の道と風情ある格子戸の建物が特徴的だ。これは「織屋建」と呼ばれる京町家の一種で、狭い路地の両側に連棟の町家がずらっと並ぶのは、西陣ならでは。祇園から清水にかけての華やかな町家風情とはまた異なり、伝統工芸を織り上げる職人の粋が凝縮されたような風景だ。

また、紫野は船岡山、大徳寺を中心とするエリアで、平安時代には宮廷の狩猟場だったという。特に大徳寺は、広大な寺域と格式の高さを誇る禅寺。境内を気軽に通り抜ける近隣の住民と、茶道ゆかりの名刹を訪れる観光客が行き違う。この大本山の門前町として、精進料理や豆腐、和菓子の店など昔ながらの商家が続くゆったりとした雰囲気の街並みも見どころが多いので、ぜひ散策を。

このエリアからは、賀茂川対岸の京都府立植物園へ足を延ばしたり、河川敷の遊歩道を歩きながら、上賀茂神社へのんびり向かうのもおすすめだ。

＊大宮交通公園
bread house Bamboo
33
玄以通
↑上賀茂神社
上賀茂橋
猪熊通
賀茂街道
THE HAMBURGER
北山通
待鳳小学校＊
＊京都府立植物
賀茂川
紫竹弁財天神社
今宮通
今宮神社
32
KONONEKI
北大路
大徳寺
大宮通
堀川通
北大路通
大谷大学＊
新町通
＊船岡山
建勲神社
智恵光院通
紫明通
鞍馬口通
鞍馬口通
鞍馬口
＊船岡温泉
31
さらさ西陣
興聖寺
上御霊神社
地下鉄烏丸線
喫茶逃現郷
30
寺之内通
相国寺
織成館＊
浄福寺通
智恵光院通
猪熊通
上立売通
五辻通
白峯神社
同志社大学新町キャンパス
同志社大学室町キャンパス
千本通
西陣中央小学校＊
＊京都市考古資料館
今出川
＊同志社大学今出川キャンパス
今出川通
西陣織会館＊
元誓願寺通
大宮通
堀川通
油小路通
新町通
室町通
烏丸通
京都御苑
晴明神社

喫茶 逃現郷

サイフォン式コーヒーの香りに包まれた レトロな癒し空間で現実世界から逃避行

西陣エリアに、正午から深夜まで、しばし現実の世界を忘れられる場所がある。レトロな喫茶店でもあり、渋みのあるカフェでもあり。築百年近い町家と運命的な出会いをした店主が、自身でリノベを手掛けただけあって、細部にまで美学が宿っている。サイフォンで一杯ずつ淹れる自家焙煎コーヒーがメインの店だったが、お客様の要望で次第にコーヒーに合うパンメニューも豊富になった。バターとハチミツがたっぷりしみ込んだハチミツバタートーストや、ベーコンエッグを挟み込んだホットサンドなど、スイーツ系も小腹系も充実。また、名物の「自家製スジカレー」は、牛すじと野菜が究極にとろとろ煮込まれた逸品だ。店内は喫煙可で、昨今肩身の狭い愛煙家も寛げる。「喫茶店は現実逃避できる場所を提供するところ」という店主の想いが結実した、まさに理想郷なのである。

30
Kissa-Togenkyo

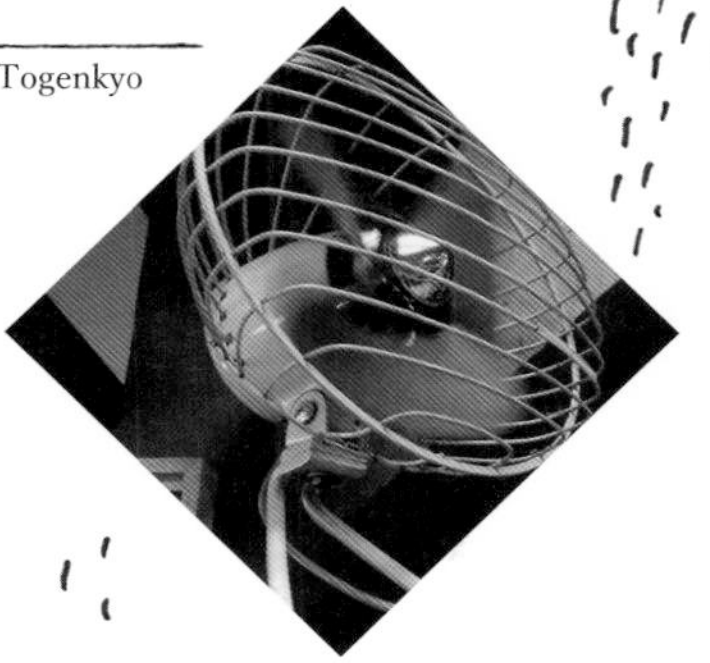

真空管のアンプやスピーカー等、音響にもこだわりが。
レトロ玩具が並ぶカウンターで流れる曲に耳を傾けて。

スモーキーグリーンの暖簾、濃紺のタイル、そして革の鞄のような郵便受けがノスタルジック。向かいの小学校から子どもたちの元気な声が聞こえて、しばし幼い頃にトリップ。

チョコレートソースがたっぷりかかった「チョコバナナトースト」は、サイフォンで淹れるコーヒーに合う。

音響を考えた音楽ホールの壁に憧れて。壁一面の木片板は、店長が角度にもこだわって貼っていったそう。

「ベーコンエッグホットサンド」。甘みを控えた食パンは、どのパンメニューにも実にマッチしている。

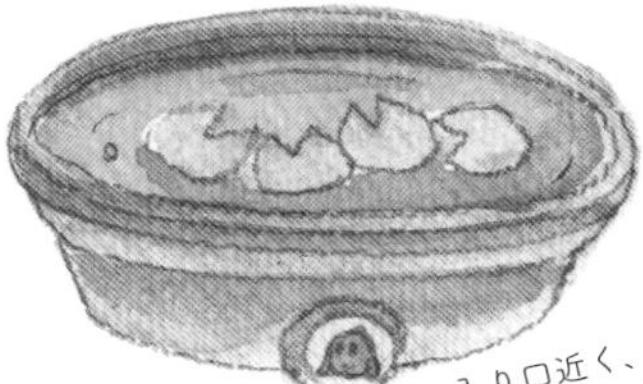

入り口近く、大きな鉢に金魚が泳ぐ。
焼き物作家の水盤で、今出川の名物食堂
「わびすけ」閉店の際に引き取ったもの。

Address 京都市上京区大宮通今出川上る観世町127-1
Tel 075-354-6866
Open 12:00 〜 24:00（LO 23:00） 木曜休

さらさ西陣

築80年の銭湯をリノベーションした幻想的な美麗タイル空間でリラックス

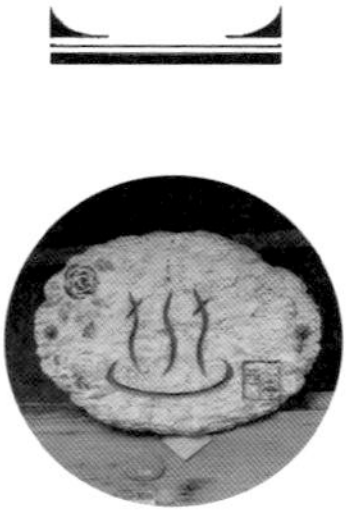

老舗カフェ・さらさの2号店として、2000年にオープン。名物銭湯「船岡温泉」のすぐ近く、鞍馬通の並びにある。実はこちらも元は銭湯。築80年の旧・藤の森温泉をリノベーションしただけあって、外観から内装まであちこちに銭湯の名残りが。いちばんの見どころは、空間全面を彩るサイケデリックな和風マジョリカタイル。高い天井と相まって、エキゾチックなパワーを放つ。開店からのメニューは「ランチ」「夕ごはん」、そして「夜ごはん」の3つ。どの時間帯もがっつり食べられるので、食事派にも嬉しい。当然、カフェやスイーツ、お酒のメニューも充実している。月いちのライブや壁に貼られたフライヤーなど、京都のサブカルな雰囲気を牽引している、言うことなしのリラックスカフェ。欲を言えば、以前にあったパンメニューの復活を期待したい。

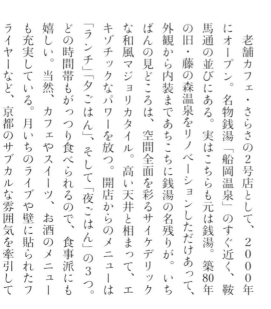

店内奥の開放感あふれるスペースの床下には、当時の浴槽が隠れているとか。マジョリカタイルが所々剥がれているのが実に味わい深く、アジアの古代遺跡のような趣が漂う。

足踏みミシンなど、アンティークなインテリアが店内のいたるところに。まるで昭和のタイムカプセル！？

華やかなタイルと、ぬくもりのある木の柱や床とがしっくり。元銭湯だけに、まったり寛げる雰囲気なのだ。

「ゆ」の文字があしらわれた暖簾に、銭湯の面影が。トイレの洗面台も、銭湯時代のものをそのまま使用。

午後からのメニュー、ボリュームたっぷりの「洋梨とクルミのケーキ」は、ぜひドリンクとセットで。

店頭に並ぶクッキーや焼菓子、ケーキ類は、京都三条会商店街にある「さらさ焼菓子工房」から届けられたもの。お持ち帰りやちょっとしたプレゼントにも。

Address 京都市北区紫野東藤ノ森町 11-1
Tel 075-432-5075
Open 月～木曜 11:30 ～ 21:00（LO 20:30）
金・土曜 11:30 ～ 22:00（LO 21:30）
水曜休
Parking 有り

KONONEKI（コノネキ）

隠れた路地に佇むカフェで、美味しさと安心材料にこだわった食パンメニューを

西陣織屋建の町家を改装したカフェで、2種類の食パンを焼き、それを活かしたメニューを提供している店主。元々パンが好きだったが、お子さんをきっかけにホームベーカリーを買い、安心な材料にこだわって食パンをつくりだしたのが始まり。トースト用の食パンは北海道産キタノカオリのみを使って、小麦そのものの美味しさを。サンドイッチ用の食パンは、具材を引き立たせる風味と歯応えを追求し、試行錯誤のうえ国産と輸入小麦のブレンドを完成させた。朝はトースト、昼は「たまごサンド」や週替わりサンドをメインに展開。オリジナルブレンドや無農薬紅茶などのドリンクにもこだわりが。隠れ家のようなカフェだが、店主のつくる食パンに惹かれてお客様が訪れる。スタイリッシュでいて静かで落ち着いた空間は、店主のお人柄をよく表している。

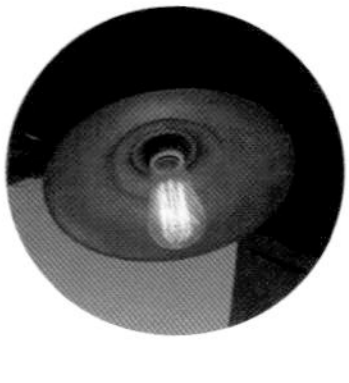

32

KONONEKI

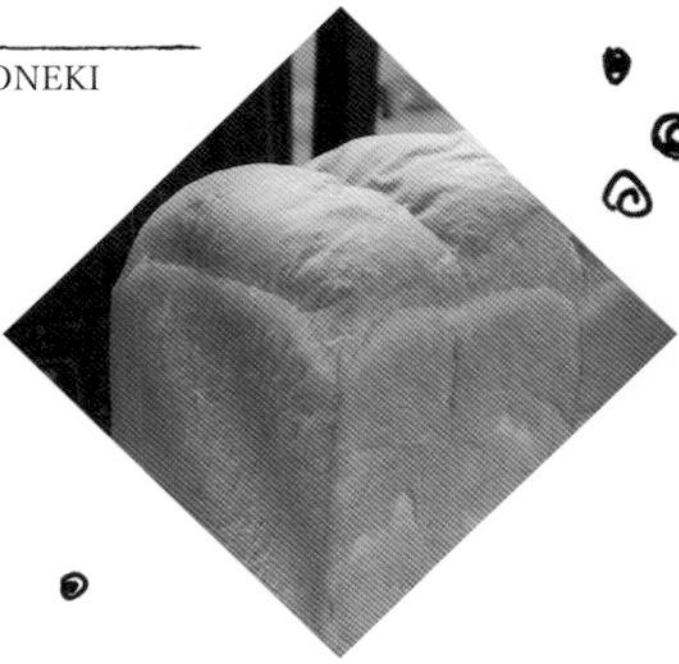

格子の間から、おしゃれな店内がちら見え。壁には、近くに住むアーティストの作品が月替わりで飾られる。

町家の造りを活かし、ゆったり奥行きのある店内には高い天井からも陽光が差し込む。並んだテーブルは杉の無垢材。このナチュラルで居心地のいい空間は、ワークショップなどで貸切も可能だ。

ひとりの時間をゆっくり過ごせる、電源付のカウンターテーブル。デザートセットを頼んで読書はいかが？

定番の「たまごサンド」は、店主がお店を出すきっかけになったメニュー。サンドイッチ類はテイクアウトＯＫ。

モーニングセットのトーストは、噛むほどに国産小麦の美味しさが味わえる。オリジナルブレンドと共に。

店内には、国産の小麦を使った手づくり焼き菓子もいろいろ。お持ち帰りして、ちょっと贅沢なおうちカフェを楽しもう。

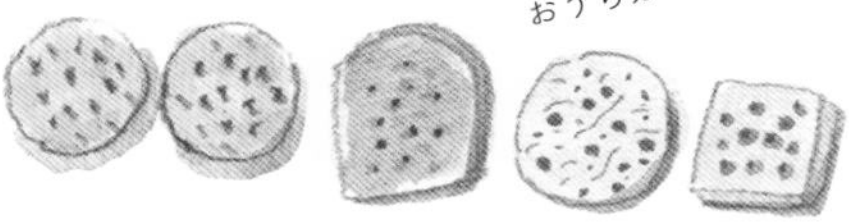

Address 京都市北区紫竹牛若町 1-1-3
Tel 075-201-4561
Open 9:30～18:00（店内飲食 LO 17:30、テイクアウト LO 18:00）/ 水・木曜休

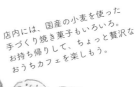

bread house Bamboo（ブレッドハウスバンブー）

夜中の3時頃から手づくり開始 6時には焼き立てが並ぶ、味わい深いパン

京都市北区紫竹。上賀茂神社・大徳寺・京都府立植物園のトライアングルエリアにある店舗では、夜中からパンづくりがスタート。早朝6時には焼き立てが並び始め、朝9時にはすべてのパンが焼き上がる。ご夫婦ふたりで営むお店で、店主がパン職人、奥様が販売を担当。ひとりで何種もつくり焼いていくすご技の早さで、スムーズな手際が美しい。また、日曜は「春よ恋の湯種食パン」とハードトーストなど、曜日ごとにつくるパンを変えている。が、すべてに共通するのは、小麦や素材の持ち味を活かすこと。そして出所が分かる厳選素材を使い、お客様が安心して口にできること。近隣農家の野菜や漬物などを惣菜パンに使うなど、地元のつながりも緊密だ。味わい深さはもちろん、食べる人の心と体を満たすことを第一に、今朝もパンづくりに励んでいる。

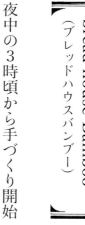

33

bread house Bamboo

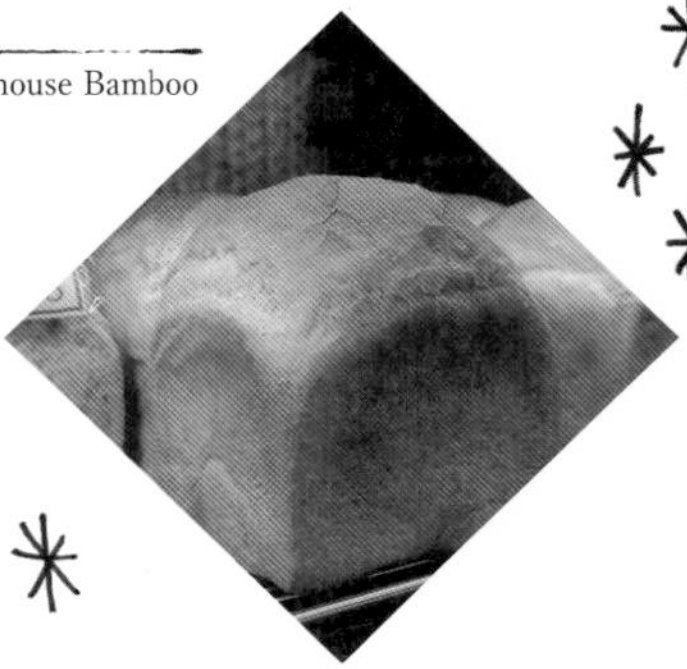

原材料や生産地の表示が分かりやすくて親切なので、安心して選べる。エコバッグなどのオリジナル商品も。

ふっくら焼き立てがずらっと並ぶ、ハンバーガーのバンズ。近所のハンバーガー屋さん「THE HAMBURGER」の特別注文により、いちからつくって卸している。お味はそちらで！

豆乳とオリーブオイル使用。動物性食材なしで作った「沖縄純黒糖とくるみレーズンの豆乳全粒粉スコーン」。

「いろいろ野菜とかわきたやさんのベーコンのピザ」は宝石箱のように素材の色とりどり。目にも美味しい。

国産小麦 100%の「天然酵母くるみ」は、強めの酸味とハードな食感。人気で、昼頃には売り切れているかも。

徒歩5分ほど、同じ紫竹エリアにある「THE HAMBURGER」のベーコンチーズバーガーオニポテセット。店頭には「ハンバーガーのバンズをバンブーさんに焼いて頂いてます」の表示が。

Address 京都市北区紫竹下竹殿町 16
Tel 075-495-2301

Open 6:00 〜 17:00 / 月・火・水曜休

左京区界隈

文化の薫りにのどかな風景…様々な魅力に恵まれて

京都市の東北部を大きく占める左京区は、南北に長く、エリアごとに異なる表情を見せてくれる。比叡山をはじめ鞍馬や貴船、大原に至る豊かな自然と情趣に抱かれ、叡山電車の車窓からは四季の風景が望める。夏の風物詩・五山送り火も間近に迫り、世界遺産の下鴨神社や銀閣寺のほか、哲学の道から学生街に至るアカデミックなルートも人気のエリアだ。出町柳からすぐの鴨川デルタでは、親子連れやカップル、学生グループなどが思い思いの時を過ごす姿が見え、つい足を止めたくなる。

2つのパン巡りエリアを紹介すると、まだ田畑が残りのどかな里の雰囲気を漂わす岩倉や、おしゃれな北山通から高野川のせせらぎが響く修学院エリアにかけては、ほっと癒される感覚が。京都大学や伸びやかなアートゾーンの岡崎では、明治期以降のレトロ建築を見るのもいい。また、平安神宮の裏手、聖護院から吉田山周辺では、観光地とはまた違う、懐かしい家並みや日常感にあふれた京都の暮らしが息づいていて、「京都らしさ」には様々なバリエーションがあることが実感できる。

※広域マップ(8P)参照

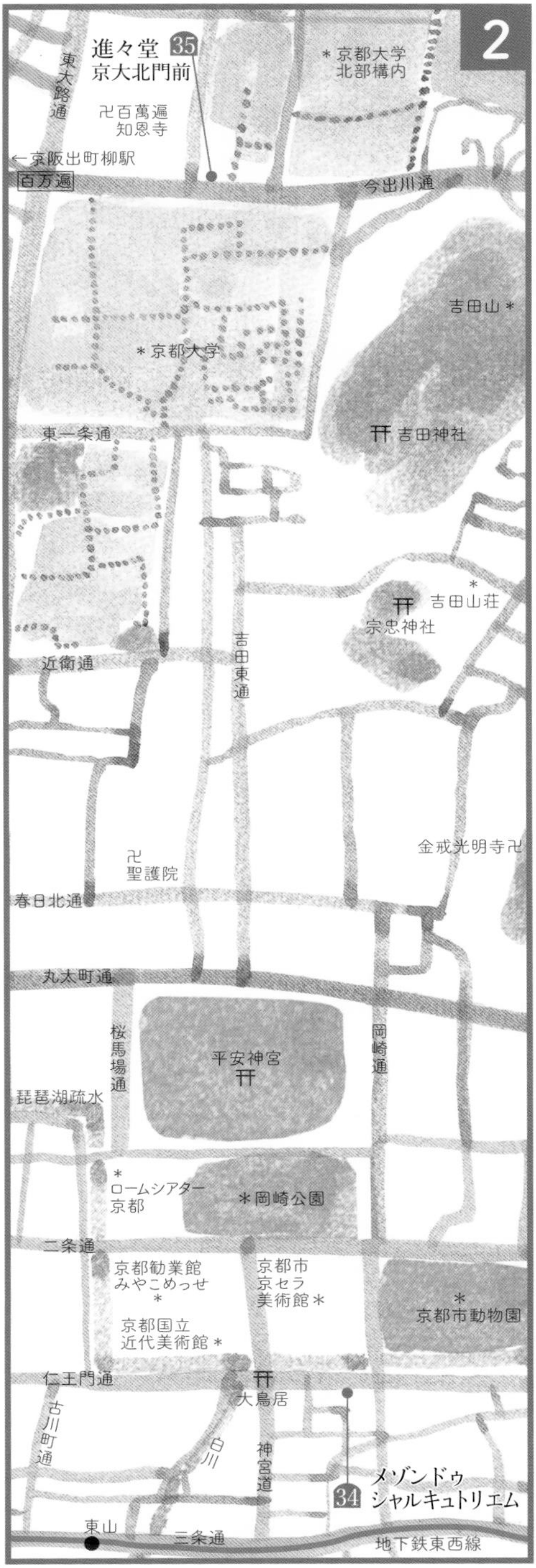
2
進々堂 35 京大北門前
＊京都大学北部構内
東大路通
卍百萬遍知恩寺
←京阪出町柳駅
百万遍
今出川通
吉田山＊
＊京都大学
東一条通
吉田神社
吉田山荘
宗忠神社
近衛通
吉田東通
卍聖護院
金戒光明寺卍
春日北通
丸太町通
桜馬場通
平安神宮
岡崎通
琵琶湖疏水
＊ロームシアター京都
＊岡崎公園
二条通
京都勧業館みやこめっせ＊
京都市京セラ美術館＊
＊京都市動物園
京都国立近代美術館＊
仁王門通
大鳥居
古川町通
白川
神宮道
34 メゾンドゥ シャルキュトリエム
東山
三条通
地下鉄東西線

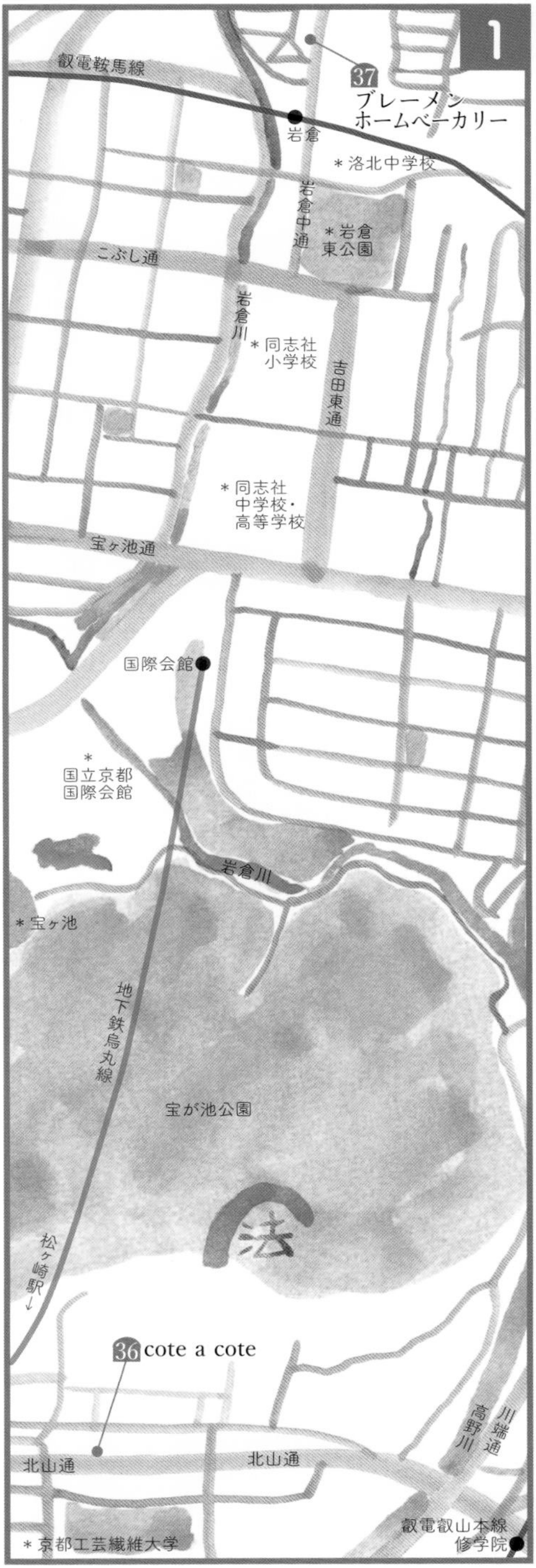
1
叡電鞍馬線
37 ブレーメン ホームベーカリー
岩倉
＊洛北中学校
岩倉中通
＊岩倉東公園
こぶし通
岩倉川
＊同志社小学校
吉田東通
＊同志社中学校・高等学校
宝ヶ池通
国際会館
＊国立京都国際会館
岩倉川
＊宝ヶ池
地下鉄烏丸線
宝が池公園
法
松ヶ崎駅↓
36 cote a cote
北山通
北山通
高野川
川端通
叡電叡山本線
修学院
＊京都工芸繊維大学

メゾンドゥシャルキュトリエム
(maison de charcuterie M)

フランス伝統のシャルキュトリ専門店
京都産の豚肉を使い、併設工房で手づくり

岡崎の琵琶湖疎水沿い、2022年7月にシャルキュトリ専門店がオープンした。シャルキュトリとは、ハムやソーセージ、パテなどの食肉加工品全般のこと。さすがフランスの伝統的な食文化だけに、店内のショーケースに並ぶソーセージだけでも「こんなにいろんな種類があるんだ!」という驚きが。そのほかラペなどの惣菜、フランスから輸入している切り立ての生ハムやサラミ、バターなどもいっしょに揃っている。イートインのランチプレートでは、主役のシャルキュトリが引き立つように、使うパンは最適なものをチョイス。例えば、バゲットサンドウィッチの「カスクルート」には、なめらかな食感が特徴のバケットを。ドリンクメニューにはビールやワインもあり、天気のよい日はテラス席で平安神宮の鳥居を眺めながら、至福の時間が過ごせそうだ。

34

maison de charcuterie M

正面の重厚な扉を開けると、新鮮な食材が並んだショーケースと厨房のシェフが目に入るというわくわく感。

本場フランスのシャルキュトリを日本でも身近に親しんでもらうために、イートインのホットドッグやサンドウィッチのメニューを始めた。店内には2名がけテーブル席が4つ。

地元京都で育てられた高品質で鮮度のよい豚肉を厳選。発色剤を使わず、添加物を極力減らした製法を大切に。

「カスクルート」は豚もも肉のハムとボルディエバター、コンテチーズたっぷりで、ワインとの相性も抜群。

細挽きソーセージの「ホットドッグ」。一見ハードなパンのようだが、肉汁と絶妙にマッチするやわらかさ。

Address 京都市左京区岡崎円勝寺町 91-66
Tel 075-754-1186
Open ショップ 10:00 ～ 18:00、
イートイン 11:00 ～ 18:00（LO 17:30）
月曜休

ランチプレートのホットドッグ、ミートパイ、カスクルートはテイクアウトもできるので、家はもちろん岡崎公園でゆっくり楽しむのもいい。

【進々堂 京大北門前】

パリの学生街のような京都最古の喫茶店
学生が喜ぶものをと考えられたメニュー

瀟洒なレンガ造りの外観。掲げられた看板には「フランスパン」と「café」の文字。ここ「進々堂京大北門前」は、創業者がパンの修行のため留学したパリのカルチエ・ラタンで見た光景に触発され、「日本でも、学生や先生が学び語り合えるカフェを」との想いから、昭和5年に本格的なフランス風カフェとして開店した。ハイカラなお店の誕生は、当時の界隈の人たちを驚かせたという。「未来を担う学生たちに、薫り高いコーヒーと本物のパンを提供したい」という創業者の願いを元に、喜んでもらえるようなメニューを開発し続け、いまでは京都の現役最古の喫茶店に。伝統的なフランスパンやシンプルなトーストを食べながら、学生や研究者が思い思いに過ごす店内。モーニングには市内学生限定のセットもあるなど、いまも京都の学生たちの強い味方だ。

35

SHINSHINDO

京大生など人が多く行き交う表通りに面しているが、店内奥の席に座れば静かな中庭の風景が広がっている。

人間国宝の木工作家・黒田辰秋が若き日に手がけた、重厚感のある一枚板の長テーブルと長椅子のセット。使い込まれて艶やかなその姿は、この店の象徴とも言えるだろう。

ハムとポテトサラダを挟んだ「クロワッサンサンド」は、さっくりやわらか。緑のドリンクは「抹茶レモネード」。

定番「カレーパンセット」。バターをつけたロールパンを、スパイシーなカレーに浸して食べるスタイル。

サンドやトースト類が充実しているのは、学生が本を読んだり勉強しながら片手で食べやすいものをと考えて。

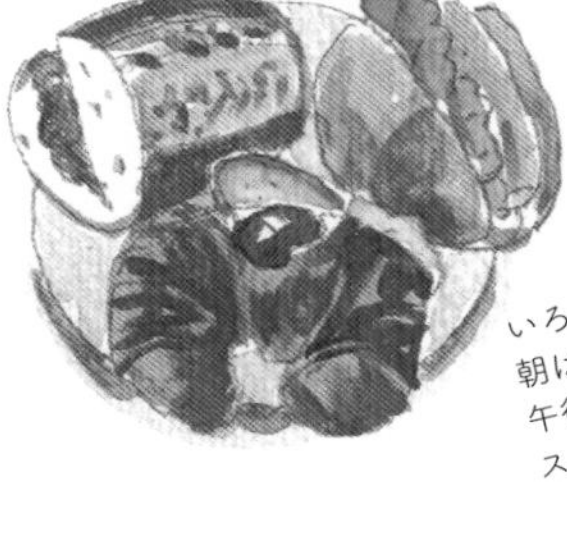

いろんな種類のサンドたち。
朝は12:00までのモーニングセット、
午後からはブランチセットや
スコーンセットなども楽しめる。

Address 京都市左京区北白川追分町 88
Tel 075-701-4121
Open 10:00 ～18:00 (LO 17:45) / 火曜休

cote a cote
（コティ ア コティ）

松ヶ崎、木漏れ日あふれる贅沢な空間でパンと楽しく対話できるようなひと時を

美味しいパン屋さんの激戦区・北山通。その東エリアの松ヶ崎にある「cote a cote」は、個性的なパンと自家焙煎珈琲が楽しめる店だ。「大人のクリームパン」は、毎日炊き上げるカスタードクリームに、ラムレーズン＆クリームチーズの組み合わせが絶品だ。「三角カレー」は食パンのヘタを使っていて、端まで美味しい甘口カレーがたっぷり。チキンカツなどのサンドに挟むカツは、毎日ひいている自家製生パン粉を使用。そのほか、キャラパンや揚げパン、サンドやおかずパンなど、バリエーションも豊富である。ちなみに店名の「cote a cote」は、フランス語で「並んで」という意味。実は、岩倉にある「ブレーメン」の姉妹店で、それぞれの店舗で違う種類のパンを焼いているので、2店合わせてなんと100以上。ご近所さんや学生、近くのホテルの宿泊客にまでひっぱりだこの秘訣がここにある。

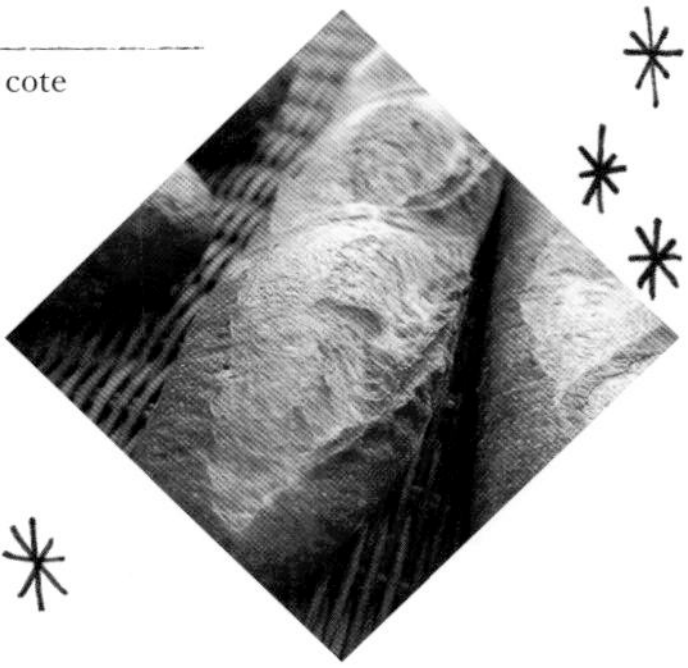

大きな窓沿いのテーブルの上、明るい光を浴びて、
パンも嬉しそうに選んでもらえる時を待っているよう。

天気や季節のよい時は、木漏れ日がそそぐお店の前のカフェテラスで、買ったパンを美味しいコーヒーといっしょに食べるのもいい。トイレもあるので、子ども連れも安心だ。

1本15円のくるくるパン「よりより」など、駄菓子屋感覚のリーズナブルコーナーは、ちびっ子たちも大喜び。

店内にぎっしり並んだパンも午後にはあっという間に売り切れるから、お目当ては早めに買いに行こう。

チーズをプレスした「パリパリ」や、「梅しそベーコンエピ」など、個性的なオリジナルパンが興味をそそる。

Address 京都市左京区松ケ崎雲路町 5-15
Tel 075-702-2951
Open 7:00 ～ 17:00 / 月・火曜休
Parking 有り

自家焙煎のオリジナルコーヒーは、コーヒー豆の販売も。カフェラテやココアなど、そのほかのドリンクも充実している。

ブレーメンホームベーカリー
(Bremen Home Bakery)

岩倉の四季の緑に囲まれたベーカリー
地元の人々に愛され続けて45年以上

緑豊かな岩倉エリア。叡山電鉄岩倉駅から歩いて1分のこの場所に、1977年創業。「開店当時は周りがすべて田んぼだったので、お客様が来てくれるのかなって心配で…」と店主ご夫妻。お客様との会話と笑顔を大切に営業して、いまでは世代を越えてのリピート客も多く、「岩倉のパンと言えばここ」と絶え間なく人が訪れるほど。朝から惣菜パンや菓子パンなどを焼き始め、午前中に姉妹店の「cote a cote」からもパンが届くと、ランチタイムには店内は色とりどりのパンで盛り盛りに。ここでは調理パンと焼菓子を焼く。調理パンに使っているカツは、パン粉から手づくり。ひとりのお客様のために焼き続けている食パンもあるのだとか。気さくで優しい店主のお人柄、しみじみ美味しいパン、そして身近な自然、すべてに癒される町のパン屋さんだ。

37
Bremen Home Bakery

元はドイツのハード系のパンから始めたが、いまでは日本人の口に合ったやわらかいパンもつくるように。窓辺に並んだパンは、生地から食材まで安心・安全にこだわっている。

店の前には大きな田んぼが広がり、ほっこりした四季折々の風景が窓一面に。比叡山もすぐ近くに臨める。

かわいらしさに思わず笑顔が。お値段もリーズナブル。子ども心をくすぐるレジ前の駄菓子屋感覚コーナー。

定番バゲットと人気の「ベーコンとチーズぺったんこ」。「3びきの子ぶた」など、かわいいネーミングも魅力。

季節のフルーツがゴロゴロと入った、「フルーツヨーグルトデニッシュ」は、まるできらめく宝石箱のよう。

Address 京都市左京区岩倉忠在地町 277-4
Tel 075-721-3673
Open 7:00 ～ 18:30 / 火曜休
Parking 有り

1杯100円のセルフサービスのコーヒーといっしょに
店舗前のテラス席で、おいしいパンを召し上がれ。

伏見区界隈

江戸時代の面影を残す、水運で栄えた酒どころ

古代より農耕が営まれ、平安時代末期には貴族の別荘地として発達した景勝の地・伏見。豊臣秀吉が木幡山に伏見城を築城し、その西側に城下町をつくったことから、経済・政治の中心都市として発展した。伏見が碁盤状の整然とした街並みとなったのは、この時の区画整理によるもの。また、大手筋商店街のある「大手筋」は伏見城の大手門に通じる道であり、いまでも城下町や大名屋敷ゆかりの町名が残されているので、京都中心部とは趣きが異なる町名表示板をチェックしてみよう。

秀吉の死後は徳川家康が城主となり、今度は徳川氏の城下町として発展したが、その後廃城に。しかし、整備されていた街道や宇治川などの水陸交通路を基盤として、次第に京と大阪を結ぶ水運の中継港として繁栄。江戸時代には、良質の地下水を元に酒造りが盛んになった。いまでも酒蔵と濠川が織りなす風景は四季を通じて美しく、春は花筏が濠川の水面を染める。当時を思わせる十石船でのクルーズや、蔵や町家が並ぶ街を歩きながら、江戸時代へのタイムスリップを楽しんでほしい。

丹波橋
近鉄
丹波橋
下板橋
奈良街道
聚楽橋
南部町通
＊伏見
区役所
瀬戸物町通
両替町通
京都市伏見
中央図書館
＊
毛利橋通
115
濠川
竹田街道
風呂屋町商店街
御香宮神社
桃山御陵前
大手橋
79
大手筋
伏見大手筋商店街
伏見桃山
ササキパン
本店
39
38
花咲み
京町通
納屋町商店街
西岸寺卍
油掛通
阿波橋
油掛通
新町通
京阪本線
伏見
奉行所跡
＊
黄桜記念館
＊
竜馬通
寺田屋
＊
近鉄京都線
伏見であい橋
濠川
京橋
蓬莱橋
＊伏見
みなと公園
月桂冠大倉記念館
＊
伏見＊
公園
cafe
MOKUREN
40
長建寺卍
115
十石船乗り場
124
肥後橋
三栖神社
中書島
京阪宇治線
京都外環状線
宇治川
＊京都府立伏見港公園

花咲み (cafe hanaemi)

手づくりにこだわった心温まるメニュー
築百年の木のぬくもりと緑に時を忘れて

「咲く花を見て笑うように、笑顔があふれる時間を過ごしてほしい」、そんな想いがこもった店名。京阪「伏見桃山」駅からすぐ、伏見大手筋商店街の2本めの路地を南に入ると、美容院の奥、築百年の町家の離れにその美しいカフェはある。以前は総菜やカレーなど食事メニューもあったが、ゆったりおしゃべりを楽しみたい人が利用しやすいようにと、サンドイッチやワッフルなどのカフェメニューを中心に改変。なかでも「厚焼き玉子サンド」は絶品。地元の人が気軽に来れる場所、子どもが学校に行ってる間のお母さんが寛げる場所をつくりたかった、と微笑む店主。スタッフとふたりでてきぱき働く姿が気持ちいい、オープンキッチン越しに広がるグリーンビューも見事。伏見観光で歩き回って疲れた足を癒しに…いや、このカフェを目的に伏見へどうぞ。

38

cafe hanaemi

四季折々、美しい苔の中庭を眺めながら、時間を忘れてしまいそう。冬の薪ストーブは心まで温めてくれる。

太くうねった梁が重厚で力強い、吹き抜けの天井の下には、朝日が心地よく差し込むカウンターが。緑に彩られたこんな窓の風景の前で、一日のスタートができれば最高だ。

細かく切った野菜たっぷりでさくさく食感、国産海苔とごまドレッシングが相性抜群の「ハム野菜サンド」。

利尻昆布や鰹で出汁を取り、ふっくら丁寧に焼いた卵が京都らしい「厚焼き玉子サンド」は、味に定評が。

「フレンチトースト」は、焼き立てのふわっと膨らんだ状態が一番美味しい。やみつきになったリピーターも。

Address 京都市伏見区新町 4-462-3
Tel 075-612-0102
Open 11:00 ～ 17:00 (LO 16:30)
日・月・水曜休

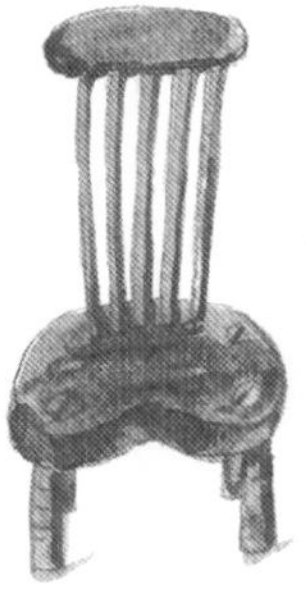

薪ストーブの火を見るための椅子は
可愛らしくて、小さい子どもが座りたく
なりそう。ふらっと訪れた人も、
そっと包み込んでくれるカフェだ。

ササキパン本店

大正10年から地元・伏見で愛され続けた普段使いのパンが魅力のレトロな店舗

伏見の台所・伏見大手筋商店街。観光客と地元民で活気あふれるアーケード街だ。その西の端で、南北に交差するのが納屋町商店街。トリコロールカラーの看板がまぶしい、なんとも昭和レトロなパン屋「ササキパン本店」は、その中ほどにある。大正10年の創業以来、伏見区民の日々の食卓を彩ってきた。パンの種類やデザイン、陳列の仕方…昭和生まれの方は、既視感を覚えるほど懐かしいだろう。ご近所のなじみ客がメインだが、最近ではSNSを見て来られる若い方も多いとか。店頭のコンテナやワゴン、ショーケースや棚に賑やかに並ぶ普段使いのパンたち。自信作は食パンで、毎日食べても飽きがこない。現在の店主は4代め。先代であるご両親と、これまでの職人さんたちと開発してきた50種以上のパンの味とお店を大切に守り続けている。

店名に本店とついているが支店はなく、いろんな場所にパンを卸していた当時の名残りだそう。最近では、パッケージをもとにした文具やエコバッグも人気を呼んでいるとか。

パンコンテナに並んだ「サンドイッチ」は、フルーツサンドにカツサンド…同じ値段だからよりどりみどり。

昭和30年頃にデザインされたレトロパッケージがたまらない。マイナーチェンジはあるが、ほぼ当時のまま。

毎日のバゲットや食事パンも、パンが高級だった昔からいまも変わらず、伏見のお客様に愛され続けている。

京都の昔ながらのメロンパンと言えば、マクワウリ型のこの形。普通の丸いメロンパンは「サンライズ」だ。

Address 京都市伏見区納屋町 117
Tel 075-611-1691
Open 7:00 ～ 18:00 / 火曜休

チェダーチーズを練り込んだ生地を、他のパン生地と練り合わせている「チェダーチーズパン」。おやつにも、お酒のおつまみにもぴったり。

cafe MOKUREN（カフェ　モクレン）

自宅のように落ち着ける木造の一軒家
子連れでもほっこり寛げる古民家カフェ

京阪「中書島」駅から大通りを進み、ちょっと脇道に入ると、昔ながらの住宅街にとても落ちついた雰囲気の一軒家が。カフェと思わずつい通り過ぎてしまいそうなので、路地の案内板や門から覗く看板を目印にして。カフェは1階、2階が設計会社。おしゃれなだけでなく使い勝手にも配慮して、元の町家をうまくリノベーション。土間のテーブル席やソファ席、一段上がった座敷席と、小さなスペースが有効活用されていて、どこの部屋でも居心地がいい。座敷には足が疲れないようにとスツールが用意されていたり、子ども用の椅子があったりと、細やかな気配りが光る。ベーグルサンドのほか、自家製の野菜チップをのせたサラダプレートランチや、自家製スパイスカレーのセットなど、メニューはどれも野菜やフルーツがたくさん摂れて、お腹も心も優しく満たされる寛ぎカフェだ。

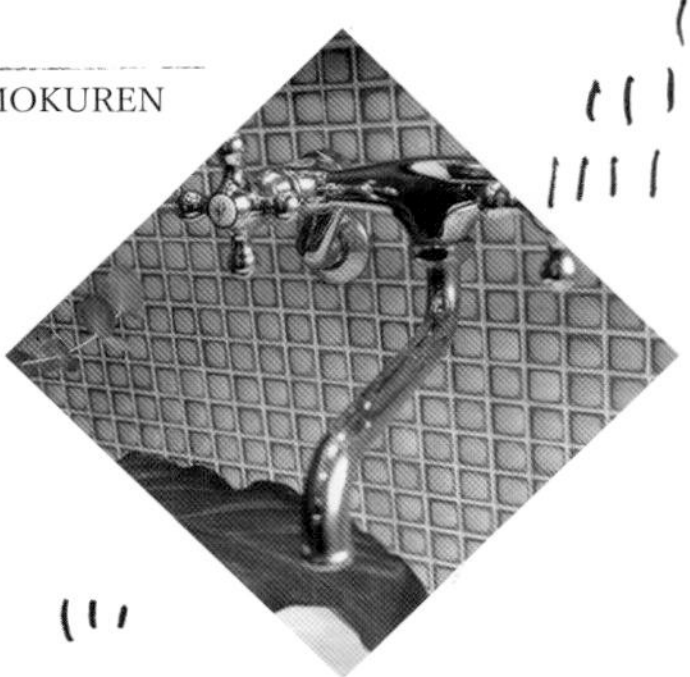

大きな窓から差し込む光が美しく、ついうとうとしてしまいそうな午後のひと時。帰りたくなくなるほど…。

重厚な木の風合いが引き立つ、伸びやかな吹き抜け。店づくりやメニューなど、設計事務所とカフェのメンバーがチームのようにアイデアを出し合って決めているんだそう。

小さい子連れのお母さんも、畳の上でゆっくり過ごせる。部屋ぎりぎりまでベビーカーが横付けできて便利。

「ベーコンエッグとサラダのベーグル」は野菜の種類が多くて大好評。付け合わせにはポテトチップス。

もちもちした手づくりベーグルの「フレンチトースト」アイスクリーム添え。シナモンパウダーたっぷり。

フォトジェニックなクリームソーダ。月替わりのスムージーは、ランチのサラダプレートとセットにできて、とてもヘルシー。

Address 京都市伏見区表町 582-6
Tel 075-205-5051
Open 平日 12:00 ~ 16:00、
土曜・祝日 11:00 ~ 17:00
木・日曜休

嵯峨野〜嵐山界隈

王朝貴族気分ではんなり散策、路面電車で小旅行

京都きっての風雅な景勝地、嵐山・嵯峨野。ここはいわば、かつての平安貴族たちのリゾート地。嵯峨天皇が離宮を営み晩年を過ごしたことから始まり、皇族や貴族の山荘や寺院が次々と建てられた。嵐山のシンボル・渡月橋や、天龍寺や大覚寺などの古刹、心潤す竹林のトンネルなど、由緒ある文化遺産と風光明媚な地が織りなす魅力は、現代の人々の心も掴んで離さない。ことに、美しい桜や小倉百人一首にも残された紅葉は絶景である。

また、渡来氏族・秦氏ゆかりの地とされる太秦は、弥勒菩薩半跏思惟像で有名な広隆寺や、時代劇のオープンセットを舞台にしたテーマパーク「東映太秦映画村」が人気のスポット。大映通り商店街は、東映京都撮影所の関係者や有名人などの行きつけの店もあり、映画モチーフの仕掛けがあちこちに見られる、まさにキネマストリートだ。

このエリア間を行き来するには、京福電鉄・通称「嵐電（らんでん）」がおすすめ。ノスタルジックな路面電車に揺られ、すぐ近くを走る古き良き住宅街や四季折々の風景を楽しみながら移動しよう。

＊「町家」と「古民家」はどう違う？

町家（町屋）は、ひと言で言うと「店舗が併設された都市型住宅」。特に、近世以前の城下町や都市部にあった、民家と商家を兼ねた住まいのことである。時代や規模などにもよるが、通りに面して建てられたものが多い。かたや古民家は、厳密な統一定義はないものの、一般的に日本の伝統的な工法で建てられた築50年以上の民家を指す。つまり、町家は古民家の一種なのだが、元々の成り立ちが異なる。山村には町家はなく、農家の民家や武家屋敷は古民家に含まれるというわけだ。しかし、どちらも昔の人々の生活の息吹を感じさせてくれる、貴重な歴史的建造物なのである。

山村の古民家を訪ねて

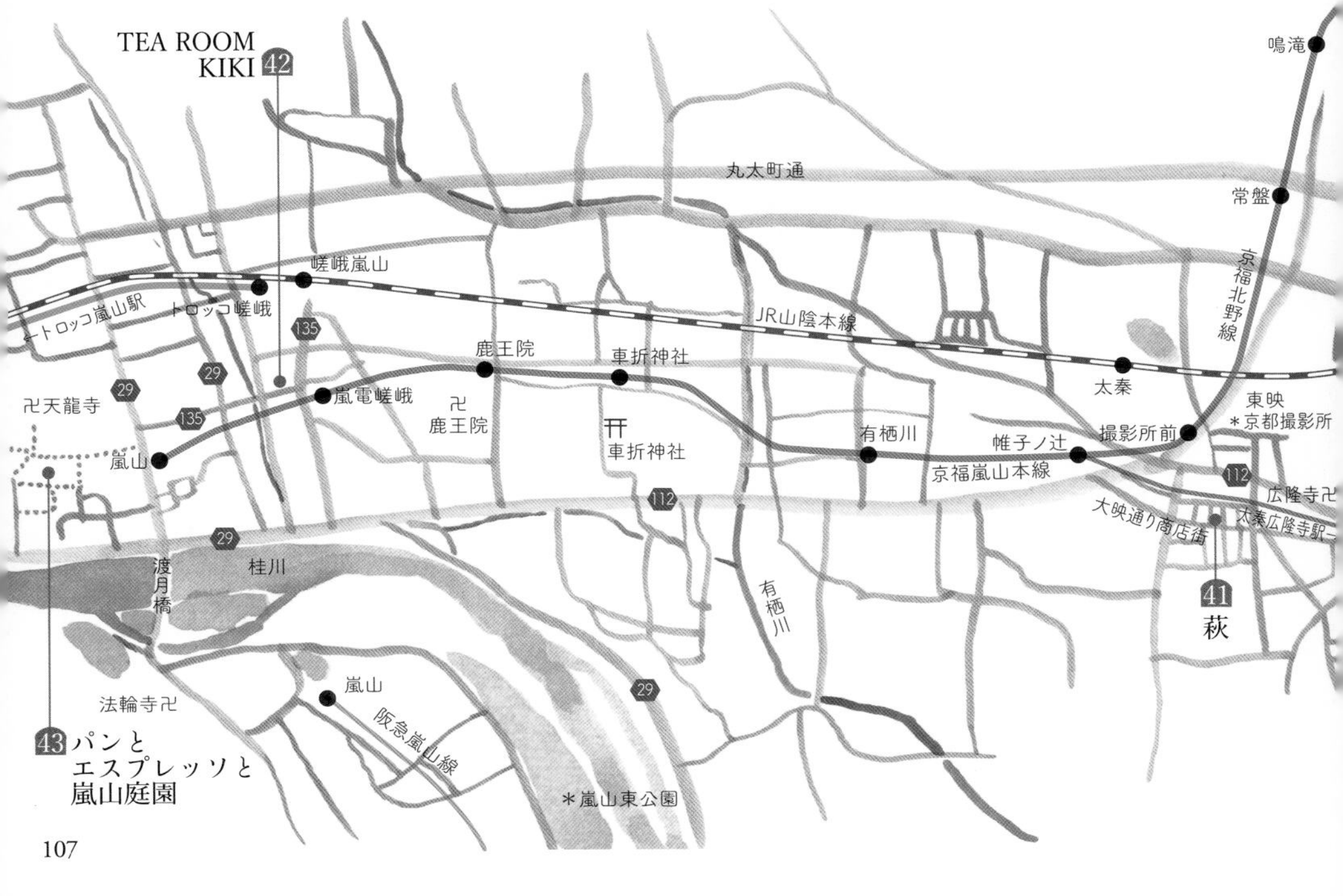

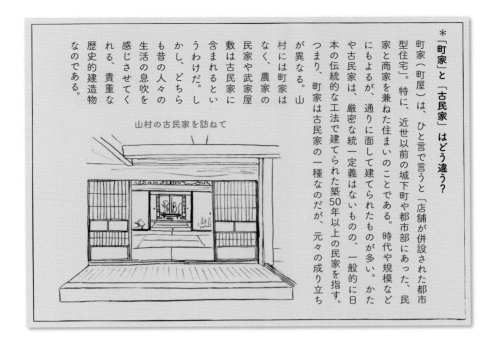

萩

太秦、赤い焼きレンガがトレードマーク
昔ながらの喫茶店ご自慢のハンバーガー

日本でまだハンバーガーがなじみのない時代から、変わらぬ味を届けている、大映通り商店街の「萩」。東映京都撮影所近くにあり、ご贔屓にしている役者も多い。ひとめ見たら忘れられない外観、ウッディーでクラシカルな店内は、あたたかみがあって妙に落ち着く。自慢のハンバーガーは、フライドポテトにサラダがセットになったワンプレート。ダイナミックなスタイルなので、ジューシーなパテを挟んだカリッと焼かれたバンズを手でぎゅっとつかんで頬張りたい。チーズ、エッグ、ハムステーキにベーコンの4種類で、ドリンクセットにもできる。そのほかサンドイッチやトースト類、スパゲッティーや単品のサラダもあって、まさに由緒正しき純喫茶。店名のロゴ入りカップで提供されるサイフォン式コーヒーは、濃厚なハンバーガーに合う。しみじみ癖になる人が多いのも頷ける名店だ。

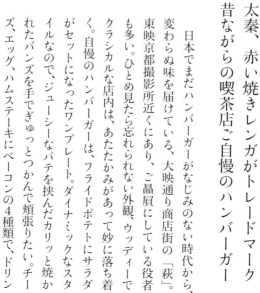

41

COFFEE & HAMBURGER
HAGI

外壁も内壁もきれいなままのレンガではなく、職人がひとつずつ砕いて絶妙な形にしたという味わい深さ。

テーブルカウンターのコーナーには凹型のカーブが施され、ひとりで落ち着ける特等席のよう。光が差し込む明るいテーブル席では、グループ客もゆったり過ごせて会話が弾む。

香ばしいのに、口どけがやわらかい「シナモントースト」。希望の数に切り分けてくれるので、遠慮なくどうぞ。

40年以上前から変わらぬレシピ、歯ごたえのあるバンズに手ごねの粗挽きパテ。チーズと野菜もたっぷりと。

厚切りの「ピザトースト」とミルクティーをセットに。サラダのドレッシングも、昔から変わらない自家製。

Address 京都市右京区太秦多藪町 15-24
Tel 075-861-9244
Open 9:00 ～ 16:30
第2・4・5日曜、第3水曜休

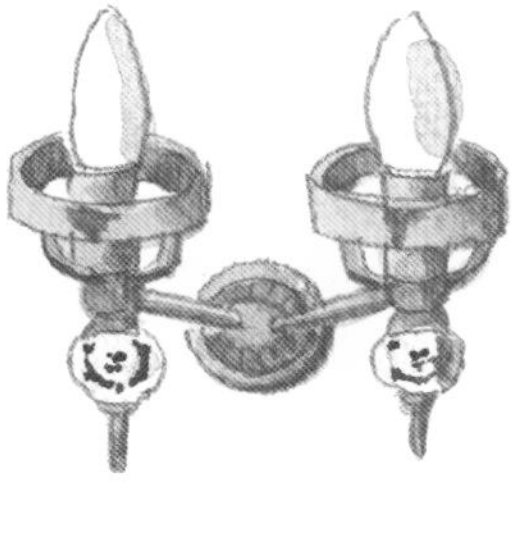

この照明のかっこよさ。
昭和ロマンあふれるアイテムが、
店内のそこかしこに。
いろんな発見があって見飽きない。

TEA ROOM KIKI
紅茶＆スコーン専門店 京都・嵐山本店

大正時代の元・郵便局のティールームでイギリス本場のクリームティーを堪能

大阪や東京にも支店がある、イギリススタイルのクリームティー専門店。大正本店は、大正10年築の郵便局だった建物を利用した京都・嵐山本店は、ノスタルジックな雰囲気にあふれている。クリームティーとは紅茶とスコーンを一緒に味わう喫茶習慣で、ジャムとクロテッドクリームが欠かせない。ここでは極力添加物を使わず素材にこだわったものを、本場にならってたっぷりと出してくれるので大満足。嵐山本店限定の「抹茶クリームティー」も見逃せない。サンドウィッチも食べたいという方には、イギリスの田舎スタイルを再現した3種のサンドから選べるセットも用意。食器はイギリスの老舗食器ブランド「バーレイ」を使用し、行くたびごとに違う絵柄を楽しめる。おもてなしとこだわりがつまった本格的な英国式ティータイムを、心ゆくまで堪能してほしい。

1階ホール中央、タイル張りの円卓はオープンキッチン。ここでお茶を淹れる所作が見られるのも演出のひとつ。

地元に約100年間愛された郵便局の面影を残せるよう、梁や扉などをそのまま活かして大改修。昔を知る人が集ってくれる場所に。カウンター周囲の竹の装飾に京都らしさが。

クリームティーは、3種類のスコーンから好きな2つを選べる。自家製ジャム&クロテッドクリームを添えて。

1階の古い木製ディスプレイ棚は、大正時代に郵便局で使われていたもの。作業風景を彷彿とさせる懐かしさ。

限定15食の「KIKI's ランチサービス」は、クリームティーとサンドウィッチ、キッシュパイにサラダと贅沢。

Address　京都市右京区嵯峨天龍寺車道町1
Tel　075-432-7385
Open　10:30 ~ 18:00 (LO 16:30) / 不定休

まろやかな軟水を使うのは、たくさん飲んでほしいから。フリーフローの紅茶は、さまざまな種類を順番に提供してくれる。

パンとエスプレッソと嵐山庭園

茅葺屋根が目を惹く重厚な古民家カフェ 絶品のブランティーセットを味わって

東京で有名なベーカリーカフェが、２０１９年に世界遺産・天龍寺近くにオープンしたのが、この「パンとエスプレッソと嵐山庭園」だ。苔や樹木の緑が美しい枯山水庭園を挟んで『パンと』『エスプレッソと』に分かれている。カフェ『エスプレッソと』は、江戸時代後期の古民家を改装。テーブル席と座敷席、どちらも靴を脱いでリラックスできる。思いのほかメニューのバリエーションが多いので目移りしてしまうが、味はどれもお墨付き。食事や名物「フレンチトースト」をゆったりいただいた後は、工房『パンと』で看板商品の食パン「ムー」や京食材を使ったパンを購入するのもよし。逆に工房で購入したパンは、ドリンクオーダーしてカフェで食べることも。絶好ロケーションの人気カフェなので、特に土曜や休日は余裕を持って訪れたい。素敵なパン巡りの旅を。

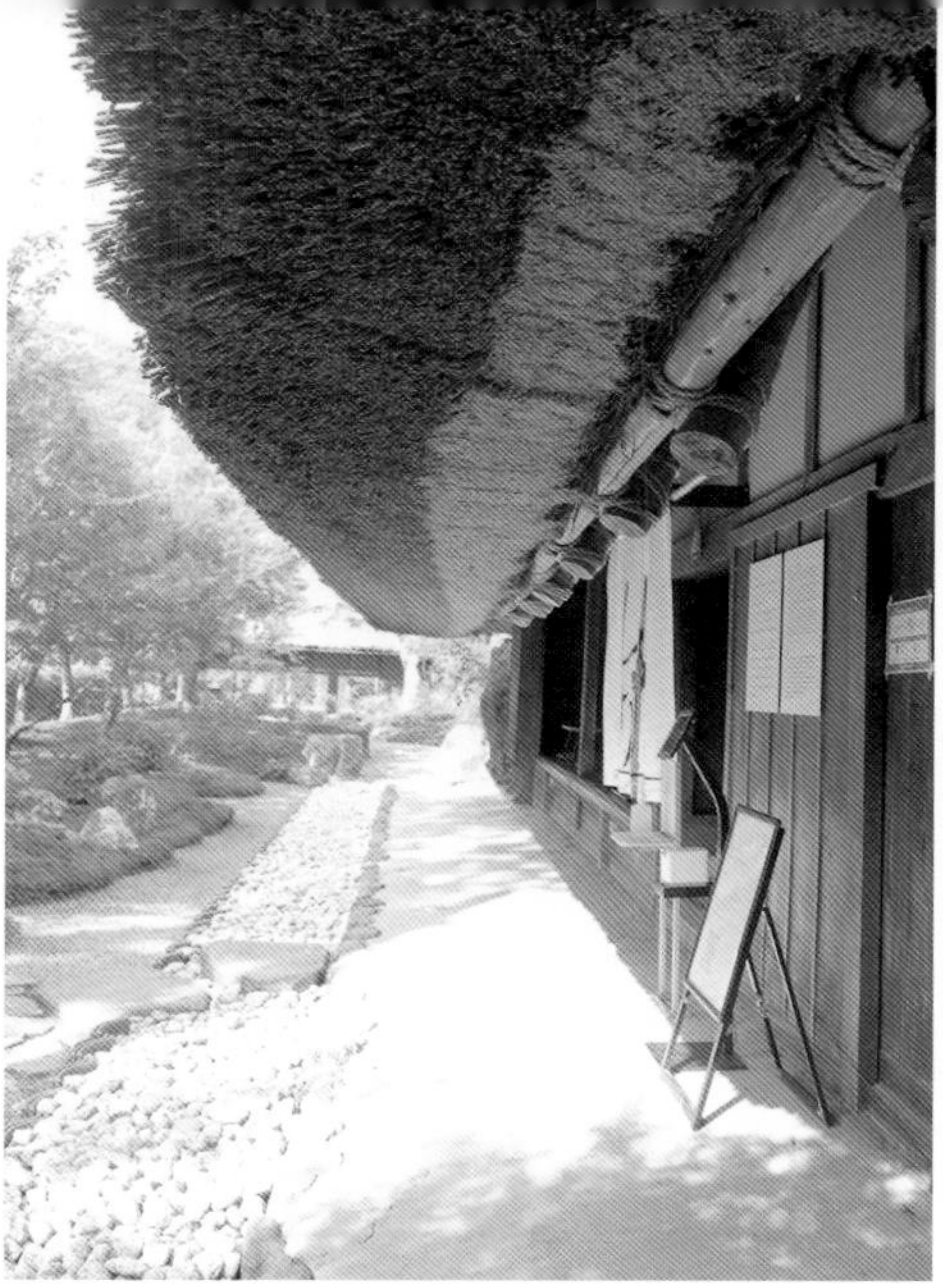

風格あふれる茅葺屋根。江戸時代後期の渋い空間で、美しい庭園を眺めながらゆったり食事やお茶ができる。

元の建物は1809年築。京都府指定文化財の「旧小林家住宅」をリノベーションした。嵐山のメイン通りから離れた路地裏にあるので、ここに来るだけで小旅行気分になれそうだ。

紅茶鴨や生ハムの「合わせ出汁チャバタ」、「フォカッチャサバサンド」、なども魅力的。テイクアウトもOK。

ずっしりと家を支える太い梁が壮観。板張りの居間は8人座れるテーブル席だ。心が生き返る贅沢な空間だ。

ブランティーセット「松」。5種類のパンにハムやチーズ、季節の小鉢やフルーツサンドなどがぎっしりと。

カフェ店内の土間には、真っ赤な「おくどさん」が。歴史と情緒がたっぷり味わえる。

Address 京都市右京区嵯峨天龍寺芒ノ馬場町45-15

Tel&Open ・『パンと』075-432-7940
10:00~18:00(売り切れ次第終了)/不定休
・『エスプレッソと』075-366-6850
8:00 ~18:00 / 不定休

亀岡市まで足を延ばして

武家屋敷が残る、知る人ぞ知る映画ロケ地の宝庫

京都市の西隣に位置する亀岡市は、アクセスのよさという利便性と、歴史と自然に恵まれた街だ。

明智光秀が丹波亀山城を築城して以来、戦国末期から江戸時代にかけて城下町として栄えた亀岡には、往時の姿を伝える武家屋敷や町家がいまも美しく整備されて残っている。少し足を延ばせばのどかな田園風景が広がり、昔ながらの古民家が佇む。これらの建物を活かしたカフェやレストランも多く、地元の野菜や肉などの新鮮な食材を使ったメニューで訪れる人を楽しませている。

そして、実は時代劇や映画ロケ地の宝庫という一面も。武家屋敷や土塀が続く古道、由緒ある寺社、保津川や桂川にかかる橋や保津峡の岩場など、よく見ればあのドラマもこの映画も、実は亀岡で撮影されたものが意外と多いのである。

そのほかトロッコ列車や保津川下り、「京都の奥座敷」として名高い湯の花温泉など、観光やレジャースポットも多彩で、晩秋から早春にかけて立ち込める幻想的な霧の光景も印象深い。バスや車を使って、ぜひゆっくり回って満喫してほしい。

※広域マップ(9P)のお店の番号参照

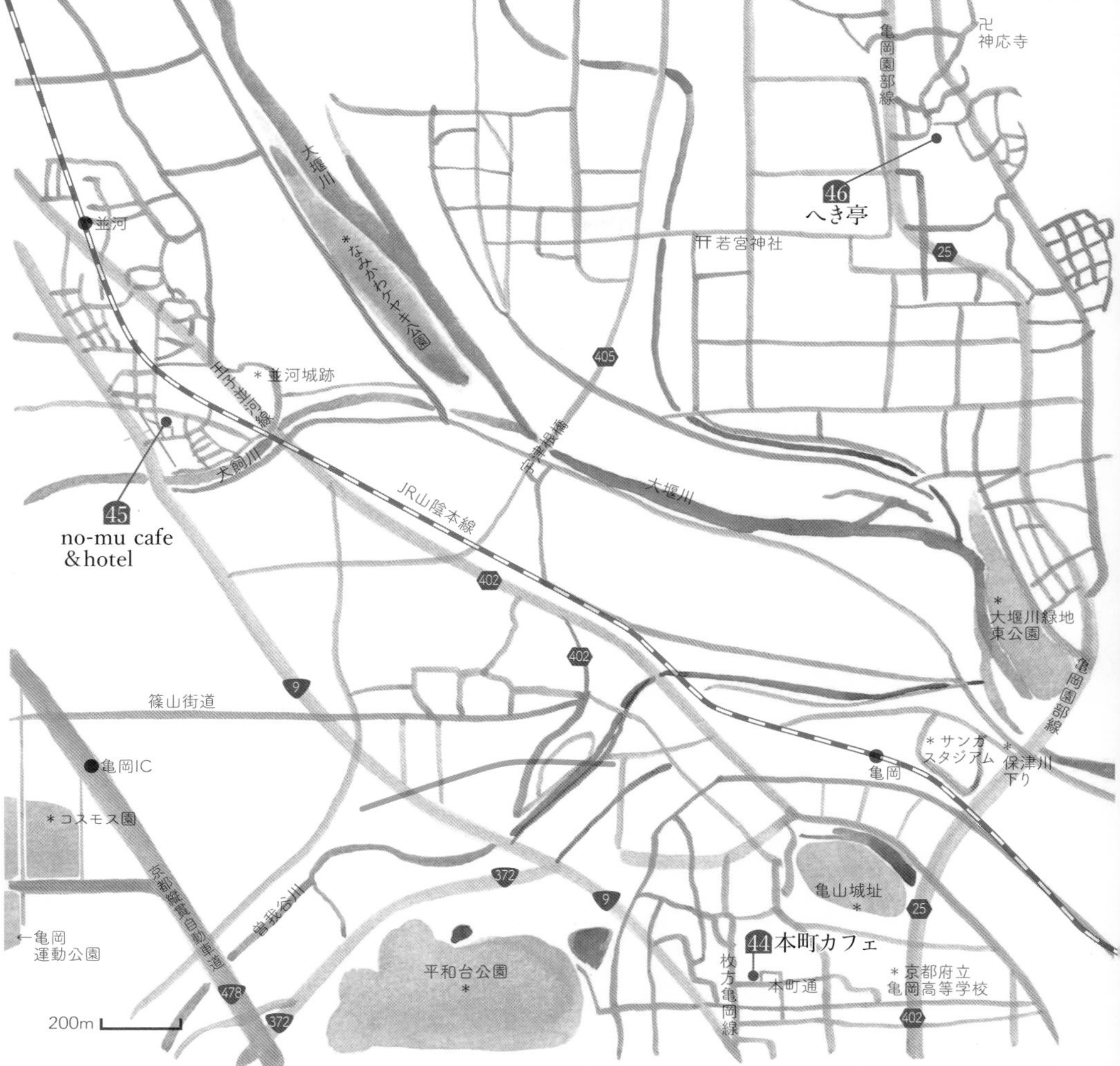

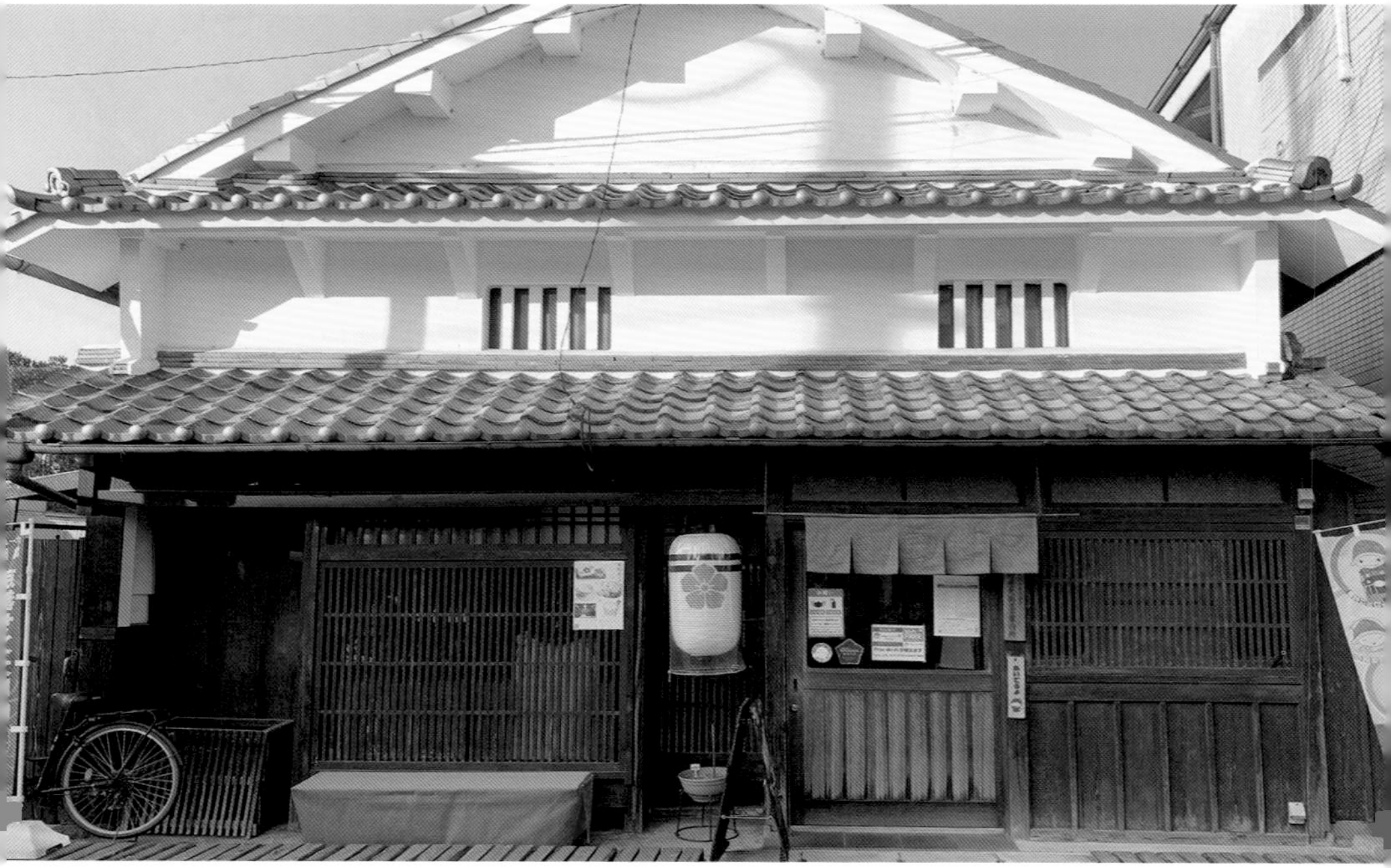

本町カフェ

かつての城下町の観光案内所も兼ねた一間一席でゆったり過ごせる町家カフェ

明智光秀が丹波亀山城と城下町を築いた、歴史ある街・亀岡。JR亀岡駅から徒歩15分、城下町景観地区にある「本町カフェ」は、木製の格子戸が風情漂う古い町家造りの和みスポットだ。以前は店頭でパンも売られていたが、いまはシフォンケーキがカフェの名物。光秀にちなんだメニューもあって、歴史ファンの心をくすぐる。そのほかランチには、水も油も使わないでつくられた亀岡野菜たっぷりの「ヨーグルトチキンカレー」や、1日1組限定の「ごよやくランチ」など、地元産の良質な食材を使った身体に優しい料理も味わえる。また「城下町歴史街並み案内所」も併設しているので、常駐しているボランティアガイドに亀岡散策のポイントを聞いて、亀岡城跡や城下町をしっかり案内してもらうのもいい。お茶に観光に気軽に利用して。

格子戸から街並みが見える部屋、庭が眺められる奥の部屋など、四間続きの室内。客席は一間一席でゆったり。

亀岡城から譲り受けたと言う襖絵が中央の部屋に。間近に見られるので、お城マニアならぜひこの席を狙いたい。城主のお姫様になった気分でお茶してみるのも楽しそうだ。

明るい光が格子戸越しに。街歩きの合間に、気心知れた人の家にお邪魔したような居心地のよさを体感して。

ココアパウダーで描かれたご当地ゆるキャラ・明智かめまるがキュートな「かめまるチョコバナナシフォン」。

光秀桔梗が描かれた黒蜜シフォンケーキに、マンゴーアイスを添えて。ふわふわクリームとの相性ばっちり。

凝ったつくりの古い飾り棚。店内の調度品や、ディスプレイされている装束や鎧などを眺めて、亀岡の歴史に触れるのもよい。

Address 亀岡市本町 51
Tel 090-1598-5420
Open 10:00～17:00（冬季12月-2月16:00まで）
火・木曜休
Parking 有り

no-mu café & hotel
（ノームカフェ&ホテル）

隅々まで絵になるスタイリッシュカフェ 地元や国産の食材にこだわったメニュー

「霧のまち」とも言われる亀岡に、霧にちなんだ名前を持つ店がある。「no-mu café & hotel」。オーナーの生家だった築百年の古民家をセルフリノベーションした、カフェ&ホテルだ。カフェは外観や内装、インテリアだけでなく、食器やメニューのデザインから室内の陰影にいたるまで、室内のどこかしこにも徹底した美意識が宿る。パンメニューのほか、地元・亀岡産の野菜や国産にこだわった素材で丁寧につくられる自家製スパイスカレーやスイーツ、フォトジェニックなドリンクもおすすめだ。カフェの隣は、1組4名まで限定・一棟貸しの宿泊エリア。心地よい時間を過ごしてもらうためのサウナ小屋が特徴的で、より多くの人々が集い、人々でにぎわう場を生み出すことを目指している。ただのカフェ&ホテルという機能に留まらず、亀岡にイノベーションを起こす未来を感じた。

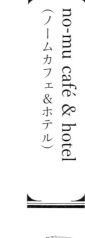

吹き抜け下の大きなテーブル席、コーナー席や窓側、テラス席…同じ店ながら来るたびごとに違う表情が。

古民家に都会的なセンスを取り入れ、ナチュラルでありながらとてもスタイリッシュな空間に。店内に飾られすぐ間近に見られるアートは、デザイナーであるオーナーの作品。

グルテンフリーの「米粉スコーンプレート」。きび糖の自然な甘みを活かしたスコーンに、季節のトッピング。

米粉、米油、きび糖などを使用したノーム手づくりの「米粉マフィンと焼き菓子のプレート」が美しい。

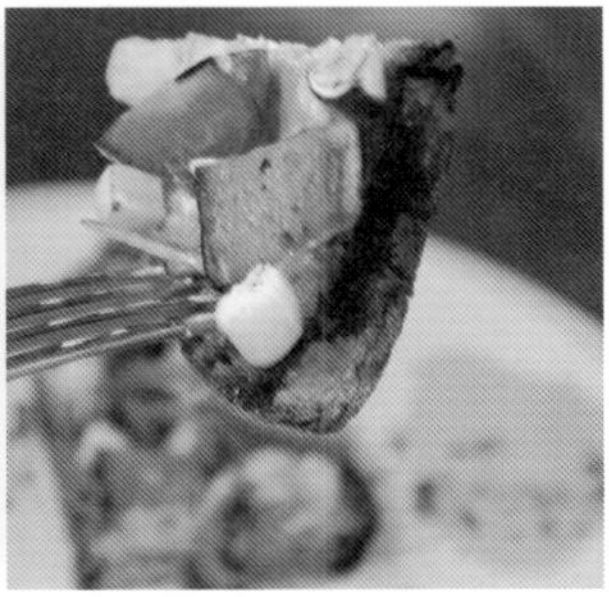

地元野菜とチーズを丁寧に焼く「薪釜カンパーニュオープンサンド」。白味噌ペーストにすだちが香る一品。

キッチンの棚には、色とりどりのスパイスや食材がたっぷり入った瓶が並ぶ。

Address 亀岡市大井町並河 2-37-8
Tel 0771-55-9285
Open 11:00 ～17:00（LO 16:00）/ 水曜休
Parking 有り

へき亭

江戸時代の代官屋敷の面影がそのままに
料亭の女将が丁寧に焼く心づくしのパン

亀山城を真正面に見ることのできる場所に、かつての代官屋敷・日置(へき)邸がある。数々の時代劇にも登場し、時代劇ファンなら見覚えのある築三百年以上のこの屋敷は、現在後世への保存も兼ね、1日数組限定、四季折々のコース料理がメインの料亭になっている。女将はもともと料理好きで、かつては料理やお菓子、パンの教室をやっていたほどの腕前。外国人向けに体験ツアーを実施していたことも。コロナ禍がきっかけで、食事に来られたお客様に持って帰ってもらえるようにと、限られた分量だがパンを焼いて店頭に置くことに。できる限り地元の無添加の食材や調味料を使用し、小麦や水の配合を細かく調整しながら丁寧に焼くパンは、たっぷりブドウの丸いパンなど素朴で味わい深いものばかり。気さくで親切な女将の人柄が、焼くパンにも表れているに違いない。

由緒ある衝立や襖に囲まれて、武家の一員になった気分で食事ができる。玄関の土間には当主の駕篭も。

屋敷の周囲に巡らされている石塀土塀も当時のままのもの。時代劇のロケでもよく使われるという趣ある一角で、歩いているとふと武士が通りかかるのではという錯覚に陥る。

お手軽な「足軽膳」。野菜・醤油・米も亀岡産。煮物に定評があり、離乳食期の子どもも喜んで食べるとか。

クープ（切れ目）が入った、大納言小豆や黒豆入りのパンも焼く。地元・亀岡産無農薬の地粉をメインに。

山型パンはふわっと焼き上げるために、国産とカナダなどの最高級小麦を配合。三温糖やきび砂糖を使う。

土曜・日曜に焼くパンは、
山型食パンや、ぶどうパン、
大納言小豆入りのパンが定番。
いつもすべてが揃っているとは
限らないので、お楽しみ。

Address	亀岡市千歳町毘沙門向畑 40
Tel	0771-23-0889
Open	12:00 ～14:00、17:00 ～20:00 ※要予約 木曜休
Parking	有り

喫茶とベーグルのお店

ネコタ

山里でもお客様が絶えない古民家喫茶 田園風景が広がる癒しのロケーション

亀岡市北部、そろそろ南丹市に近いエリア。車がないと行きにくい場所だが、お客様で行列ができる古民家喫茶がある。転勤族だった店主夫妻は定住を考えていたところ、この店舗兼住宅に一目惚れして亀岡に移住してきた。もともとベーグル店で働いていた妻が、国産小麦100％・長時間発酵させてつくるベーグルはもちもち。こだわり卵のオムライスなどの食事やフレンチトーストなどのカフェメニューがメインで、ベーグルとスコーンはいまのところテイクアウトのみ。店内でランチをしてベーグルを持ち帰ったり、ベーグルだけ買いに来られる方のほか、1日に数本のバスで来る猛者もいるという。癒される場所と、料理やベーグルの味が皆を魅了している。ちなみに「ネコタ」という店名は、夫婦で猫好きだから。「猫田さん」という名前ではないので、お間違えなく。

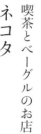

店内には、アンティークな照明やステンドグラスがさり気なく飾られて。薪ストーブも癒しの雰囲気に一役。

大阪や遠方からの訪問客も多いという。山の高台に位置し、田園風景が見渡せる絶好のロケーション。自然に囲まれ、人里離れたとっておきの空間をひとり占め気分で過ごせる。

12～18種類のベーグルが日替わりで登場。チーズカレーでしっかりランチ？それともショコラでおやつタイム？

見晴らしのよいテラスは、待合い用に設置。ちょこっとした憩いのスペースにも使ってもらえるように。

趣向を凝らしたベーグルは、大きさも重さもずっしり。中身が詰まっていて、ひとつでしっかりお腹も満足。

Address 亀岡市東本梅町松熊ソトハ21
Tel 0771-20-6682
Open 11:00～16:00（LO 15:30）※ベーグルの完売・食材の在庫次第で閉店が早まる場合有り
木・金・第2土曜、その他不定休有り
Parking 有り

「あら、猫ちゃん♪」と思ったら、実はリアルな陶器製。庭からかわいらしい顔を覗かせてくれて、心が和む。

英国村

「車で1時間」のイギリスへようこそ
京都の山奥に広がる絵本のような風景

京都市内から車で約1時間。亀岡の山の中に突如現れる、昔ながらのイギリスの世界。のどかに広がる田舎町のような風景はとても素朴で美しい。ここのオーナーは、空間デザイナーのマリーさんと建築家のモーリスさん…といっても、実はふたりとも日本人。イギリスのカントリーサイドに惚れ込み、仕事の関係で移住できないなら、いっそ日本につくってしまおうとここまで世界観を徹底した。食事ならただ食べるだけではなく、村の中でのピクニック、アフタヌーンティーセットのバスケットを届けるなど、提供するシチュエーションも演出。また、英国村をテーマにいろいろなことを楽しんでもらいたいから、宿泊やウェディングのほか、演奏会や撮影会などもできる。観光客からのお礼の便りがなにより嬉しいという、このふたりの真剣な情熱が、多くの人々を京都のイギリスに惹きつけている。

48

Great Britain
Old Village

盆地で霧が出やすい亀岡は、イギリスの空気感と似ているそう。周囲の山の樹々もこの村の構成のひとつだ。

「ポントオーク・ティールームレストラン」1階では、冬になると暖炉が焚かれる。演奏会ができるスペースも。特別な日でなくても大切な人たちとティーパーティーはいかが？

宿泊客や特別なピクニック、アフタヌーンティーセットでしか入れないプライベートゾーンにも、素敵な建物がいっぱいだ。

木漏れ日の空間でティーパーティーを繰り広げていると、小鳥やどこからともなく猫がやって来ることも。

村の中には、まるで絵本の世界に迷い込んだような街並みが。建物はすべてモーリスさんの手づくりだそう。

Address 亀岡市西別院町柚原水汲 12
Tel 0771-27-3004
Open 英国村 11:00 〜16:00、
レストラン 11:30 〜14:30
無休
Parking 有料

コテージの宿泊客の朝は、イングリッシュブレックファースト。こんがり食パンにジャムやバターを塗って、100％果汁のジュースで。

終戦の京都、パンにまつわる少年の体験

私は、京都に生まれ育って、仕事も軌道に乗り始めた10年以上前の頃、住み比べる土地も知らず当たり前のように慣れ親しんできた環境を、とても好きになるきっかけを与えてくれた人物のことを思い出します。その方は芸術学博士で、画家の大先輩として色々御指南いただき、隣県から京都へ来られては「イノダコーヒ」でコーヒーを飲みながら、京都のパンについて貴重な昔の体験談を聞かせてくれました。

――僕は昔、小学校5年生の時に京都で終戦を迎えた。当時、京都文化博物館の北隣に当たる姉小路通高倉東入るに住んでいて、高倉通六角下るに所在する旧日彰小学校（現高倉小学校）に通っていた。敗戦で食糧に事欠くのが日常だったが、竹屋町通寺町東入るにあった「進々堂本店」へ自前の小麦粉を持参すると、無償でパンを焼いてくれたことがあった。ある日、僕は腹が減って仕方なくなり、母の目を盗み、自宅にあったなけなしの小麦粉をかすめて「進々堂」へ持ち込んだ。持参した小麦粉は、両手で抱えきれないほどのコッぺパンに姿が変わって驚いた。持ち帰ることもできずに困った僕は、仲の良かったクラスメイトと京都御苑へ行き、ベンチに座ると二人で山分けして、焼きたてのコッぺパンを思う存分頬張った。後日談として、僕は芸術系大学

の教員となり、そのクラスメイトは大企業の重役になったのだが、同窓会で再会するとコッペパンを食べたあの日のことが話題に上がり、「今まで色んな高級な料理を食べてきたけど、君とあの時に食べたコッペパンの味は、どんな料理よりも比べもんにならんほど美味しかった」と彼が興奮して語り、二人で笑い合った。敗戦直後の貧困にあえいだあの時代は、学校給食もなく、慢性的に空腹だった子どもにとって、焼きたてのパンがどれほどのご馳走だったかなどと、飽食の現代に生きる今の人達からは想像もできないだろう――。

その方は、京都に根付いて京都の老舗である「進々堂」さんからグラフィックデザインのお仕事をいただいていた私のことを、よく応援してくださっていました。そして、「イノダコーヒ」を出ると、帰り道に「進々堂」で気に入ったパンを買って帰途につくというのがルーティーンになっておられるようでした。

普段、何気なく素通りしてしまう街並みやお店、人とのご縁というものに深い歴史や繋がりが潜んでいて、目の前にいる人と大切に向き合うことで、不思議な糸が紡がれたり、意外なご縁が結ばれたり…。そんな素敵な出来事が、そこかしこに潜んでいるのも京都の魅力。そして、この本に出会ってくださった方がまた、京都のお店を訪れて新しいご縁を結んでくださることがあれば、それこそがこの本にとってこの上なく幸せな出来事になるでしょう。

片岡れいこ

昭和初期当時の「進々堂」
竹屋町寺町の旧本社工場（本店）

＊著者プロフィール

片岡れいこ（執筆・取材・撮影・編集・イラスト・デザイン）

京都生まれ、京都育ち。幼稚園から大学まで「京都市立」にお世話になる。生まれ育った四条河原町近くの鴨川沿いで、今もアトリエを構える。

1989年、京都市立芸術大学美術学部版画専攻卒業。グラフィックデザイナーとして京都で8年間の勤務を経て、イギリス留学後に独立。現在、日本版画協会準会員。映画監督として京都を舞台にした作品も撮る。代表作『人形の家』『ネペンテスの森』『華の季節』。京都の古いものや美味しいものが大好きで、日々の創作活動に取り入れている。そうして見つけてきた、お気に入りの場所を凝縮した著書**『京都 レトロモダン建物めぐり』**（メイツ出版）に続いて、本書でも京都の古いものや美味しいものを紹介する。
＊アトリエニコラ URL http://a-nicola.com/

▼著書（メイツ出版より） ※は共著
・『カナダへ行きたい！』
・『イギリスへ行きたい！』
・『イラストガイドブック 京都はんなり散歩』
・『トルコイラストガイドブック 世界遺産と文明の十字路を巡る旅』
・『乙女のロンドンかわいい雑貨、カフェ、スイーツをめぐる旅』
・『北海道体験ファームまるわかりガイド』
※『幸せに導くタロットぬり絵 神秘と癒しのアートワーク』
※『人間関係を占う 癒しのタロット 解決へ導くカウンセリング術』
※『4大デッキで紐解くタロットリーディング事典 78枚のカードのすべてがわかる』
・『京都 レトロモダン建物めぐり』

＊制作スタッフ

清水正子（取材協力）
板垣弘子（執筆協力）
藤波蓮凰（あとがき執筆協力）

※本書の情報は、2023年2月のものです。特別期間、および時勢などの影響により、営業時間や定休日などが記載と異なる可能性がありますので、お出かけの際にはHPなどで必ず事前にご確認ください。

京都 パンで巡るおいしい古民家

2023年3月30日 第1版・第1刷発行
2023年7月5日 第1版・第2刷発行

著　者 片岡れいこ（かたおか れいこ）
発行者 株式会社メイツユニバーサルコンテンツ
　　　 代表者 大羽孝志
　　　 〒102-0093 東京都千代田区平河町一丁目 1-8
印　刷 株式会社 厚徳社

ご意見・ご感想はホームページから承っております。
ウェブサイト https://www.mates-publishing.co.jp/

企画担当：清岡香奈